식객 허영만의 백반기행

베스트 500

일러두기

- 이 책은 TV조선 〈식객 허영만의 백반기행〉 1회부터 191회까지 방영된 식당 중에서 저자가 뽑은 곳들을 소개합니다.
- 본문의 식당 정보는 2023년 5월을 기준으로 작성하였으며, 이후 식당 사정에 따라 변경될 수 있습니다. 방문 전, QR코드 스캔 혹은 전화 문의를 권장드립니다. (이 책은 《식객 허영만의 백반기행 1, 2, 3, 4》에서 소개된 식당 중 '베스트'를 꼽아 엄선한 책으로, 편집상의 이유로 《식객 허영만의 백반기행 3, 4》에 수록된 식당에만 QR코드가 부여되어 있음을 알려드립니다.)
- **QR코드 스캔 방법** : 스마트폰 카메라(네이버 앱 및 다음 앱)를 연 뒤, QR코드 위로 갖다 대어 스캔합니다. 브라우저 연결 창이 뜨면 들어가 식당 정보를 확인할 수 있습니다.

식객이 4년 동안 까다롭게 고른 전국 최고의 맛집

식객 허영만의
백반기행
베스트500

허영만 · TV조선 제작팀 지음

가디언

백반은 어머니의 손맛이다

텃밭에서 기른 푸성귀를 뜯어다가

된장에 주물주물 내놓은 나물 반찬이나

바닷가에서 건져 올린 돌게를 양념에 무쳐 상에 올리거나

술 한잔 걸치고 온 아들 속을 풀어주려고 끓여낸 시래깃국이나

어머니는 있는 것들만으로도 맛있는 밥상을 차려주셨다.

그렇게 차려진 밥상을 찾아 떠난 백반기행은

어머니의 손맛을 찾아가는 여정이다.

채반에 고봉으로 담겨 나오는 어머니의 정성을

무엇에 비기겠는가.

골골마다 집집마다 제철에 나는 것들로 차려진 밥상을

마주하면 나는 행복해진다.

허영만

버스터는 몇 번 반났더니 기방빠라 집집마다
먹이 다르다는걸 알았다. 큰 소득이다.
강경의 OOO 통하기이 그랬고 서산의 OO식당이. 그랬고
서울 홍릉의 OOO 식당이. 그랬다.
내 입맛을 합해서 찾는 버버는 무료다다.
먹은 그 버버인영심에 따른기다.
버버는 줄길수 있는 버버만 찾았다.
은르라 인천이 기대된다.

차례

인천·경기 밥상

🍴 대전·충청 밥상

대구·울산·부산·경상 밥상

🍴 광주·전라·제주 밥상

서울 밥상

산들애 건강밥상

TEL. 02-385-9693

식당 주소

서울 은평구 대서문길 43-16

운영 시간

11:00-21:00

월요일, 화요일 휴무

주요 메뉴

전통발효청국장, 코다리구이
주꾸미볶음, 감자전

북한산 아래, 등산객뿐만 아니라 일반 사람들의 발길도 사로잡은 곳. 솔잎을 깔아 띄워 냄새가 강하지 않은 청국장이 인기 메뉴다. 된장에 가까운 맛이라 초심자가 먹기에도 어렵지 않은 것이 특징. 일일이 감자를 채 썰어 만든 감자전은 이것만 먹으러 오고 싶을 정도다.

원효봉을 마당에 두고
손수 만든 반찬 맛에 이미 취기가 도는구나.
막걸리는 언제 마시죠~

방문 날짜 20   .   .   나의 평점 🍚🍚🍚🍚🍚

방문 후기

오두리두부

TEL. 02-353-8653

식당 주소

서울 은평구 불광로18길 10-2, 1층

운영 시간

10:30-19:00
월요일 휴무

주요 메뉴

순두부, 두부황태전골
콩국수, 청국장

주인장 어머니의 이름을 간판으로 내걸 만큼 자신감 넘치는 집. 그 무엇 하나 화려한 것이 없는 순두부이지만 색, 맛, 분위기에서 다른 모든 것을 압도한다. 초당순두부보다 좀 더 밀도가 있어 국물 없이 순두부만 먹어도 그 맛을 느낄 수 있는 것이 특징. 참 맛있다!

북한산 뒷쪽 불광사 코스에
무시 못할 복병이 숨어 있습니다.
전대(돈주머니) 차고 와서 확인하세요~~

방문 날짜 20   .   .   나의 평점 😋😋😋😋😋

방문 후기

연희미식

TEL. 02-333-2119

식당 주소

서울 서대문구 연희맛로 22

운영 시간

17:00-22:00
일요일 휴무

주요 메뉴

교자만두, 계란볶음밥
완자탕, 감자채볶음

뜨거운 불맛과 스피드가 생명인 대만식 가정 백반. 재료의 맛을 그대로 살려 슴슴하면서도 향이 독특한 백반 한 상은 또 다른 매력이다.

달걀볶음밥, 완탕, 교자만두를 만났다.
그중 감자볶음은 잘게 채 썬 감자를 익히는 둥 마는 둥,
손님이야 먹든 말든 볶아 내놓은 것이
지금껏 먹은 감자볶음과 너무 차이 나는 것이었다.
엄지 척! 당장 시도해볼 일이다.

방문 날짜 20   .   .   나의 평점 😊😊😊😊😊

방문 후기

일등식당

TEL. 02-333-0361

서울 마포구 방울내로 82

08:00-21:00
월요일 휴무
포장 가능

뼈해장국

동네 사람들이 보장하는 8,000원 뼈해장국. 이 맛에 이사를 못 간다는
단골 손님들이 들통, 김치통, 냄비를 들고 포장하러 온다. 맛을 보니
이유를 알겠다.

1986년 창업.
이 맛을 찾기 위해 많은 세월이 필요했을 것이다.
이 맛을 지키기 위해 꿋꿋함이 필요했을 것이다.
백반기행은 이런 맛을 찾기 위한 여행이다.

방문 날짜 20   .   .   나의 평점

방문 후기

고향집

TEL. 02-322-8762

식당 주소
서울 마포구 포은로8길 28

운영 시간
11:00-21:00

주요 메뉴
들깨손수제비
콩나물비빔밥

'싼 것이 비지떡'이라는 속담은 적어도 이 집에서는 통하지 않는다.
칼국수, 수제비의 맛도 양도 가격도 엄지 척! 망원 시장에서 가장 줄
이 긴 집이다.

3,500원짜리, 그릇은 세숫대야.
들깨수제비의 고소함과 부드러움은 최상이었다.
수제비는 어릴 적 많이 먹어서 좋아하지 않는다.
어머니의 수제비는 들깻가루 대신
바지락을 넣어서 약간 비린 맛이 있었다.
지겹던 수제비가 그리움으로 다가온다.

방문 날짜 20 . .   나의 평점 ⬭⬭⬭⬭⬭

방문 후기

천지식당

TEL. 02-711-3442

식당 주소

서울 마포구 마포대로4가길 54

운영 시간

11:00-21:30
토요일 11:00-20:30
일요일, 공휴일 휴무

주요 메뉴

낙지볶음
김치제육
홍어찜

직장인들이 많이 찾는 집이라 음식 나오는 속도가 무시무시하다. 낙지볶음은 달지도, 짜지도 않은 양념에 불 맛이 살아 있어 직장인들이 딱 좋아할 만한 맛이다. 김치제육도 빼놓을 수 없는 인기 메뉴. 여기에 깔끔하고 담백한 닭미역국까지 곁들이니, 참 음식 잘하는 집이다.

백두산 천지만큼
높은 곳에 있습니다.
맛도 그만큼 높습니다.

방문 날짜	20 . .	나의 평점	🍚🍚🍚🍚🍚

방문 후기

산동만두

TEL. 02-711-3958

식당 주소

서울 마포구 도화길 22-10

운영 시간

17:30-24:00, 라스트 오더 22:00
첫째, 셋째 토요일 휴무, 일요일 휴무
전화 예약 필수

주요 메뉴

찐만두
군만두
오향장육

얄팍한 만두피 속 육즙 가득한 찐만두가 가히 환상이다. 이 찐만두를 아랫면만 구워 낸 군만두는 진정한 겉바속촉. 오향장육도 짭조름하면서 향이 진한 짠슬과 고기의 조화가 기가 막힌다. 지금까지 내가 먹어 왔던 중국 음식의 모든 것을 지우는 집이다.

내 뒤를 따라오던 친구.
"왜 이런 데까지 와? 만둣집 천지에 깔렸는데."
"잔말 말고 따라라. 3개월 전에 예약한 집이야."
1시간 뒤, "앞으로는 네 말 잘 들을게."

방문 날짜 20   .   .   나의 평점 🍚🍚🍚🍚🍚

방문 후기

밀밭정원

TEL. 02-364-1041

식당 주소

서울 마포구 마포대로16길 13

운영 시간

11:30-22:00
주말 11:30-21:00
휴식시간(평일) 15:00-17:00

주요 메뉴

생두부
콩국수
들기름냉밀국수

직접 뽑은 들기름, 우리 밀 면, 국산 콩…. 전국을 다니며 엄선한 국산 재료만 쓰는 집.

우리 밀 콩국수, 두부, 들기름국수.
올 여름은 피서 계획 끝났다.

방문 날짜 20 .   .   나의 평점 🍚🍚🍚🍚🍚

방문 후기

진진

TEL. 070-5035-8878

식당 주소

서울 마포구 잔다리로 123

운영 시간

12:00-22:00
휴식시간 15:00-17:00
라스트 오더 14:30, 21:00

주요 메뉴

멘보샤
소고기양상추쌈
칭찡우럭

중식 사부들의 사부가 하는 식당이니 무슨 말이 더 필요하겠는가.

엄지 척!

우럭 한 마리가 순식간에⋯.

방문 날짜 20   .   .   나의 평점 😋😋😋😋😋

방문 후기

맛있는밥상 차림

TEL. 02-308-0011

식당 주소

서울 마포구 월드컵북로44길 76, 2층

운영 시간

11:30-22:00
휴식시간 15:00-17:00
첫째, 셋째 토요일, 일요일 휴무

주요 메뉴

흑보리들기름비빔밥반상
코다리갈비
방아부침개

남편과 근처 방송국 사람들을 위해 제철 식재료로 만든 좋은 음식을
대접하고 싶었단다.

간은 있으나 미미하다.
먹은 듯 먹지 않은 듯 다음 끼니를 기대하게 만든다.
마음에 두고 싶은 집이다.

방문 날짜 20 .   .   나의 평점

방문 후기

매향

TEL. 010-4938-8968

식당 주소

서울 마포구 성암로3길 27

운영 시간

11:00-21:00
일요일 휴무

주요 메뉴

삼선군만두
삼선손만두
북경짜장면

한국으로 유학 온 아들을 따라와 식당을 차린 엄마가 선보이는 100% 북경식 만두와 짜장면.

꽃을 찾아서 들판을 방황하다
집에 오니 마당에 매화가 피어 있구나.

방문 날짜 20 . .   나의 평점 😋😋😋😋😋

방문 후기

솔

TEL. 02-783-5568

식당 주소

서울 영등포구 국제금융로8길 27-9,
2층

운영 시간

11:30-13:00
주말 휴무
전화 예약 필수

주요 메뉴

김치찌개

저녁에 술을 파는 이 집은 점심에 딱 4개 테이블 예약을 받아 한정으로 김치찌개를 판다. 개인 접시에 덜어주는 계란찜과 정갈한 반찬에 조미료를 따로 넣지 않은 김치찌개가 환상이다.

점심 때 20명만 들어갈 수 있는 집이다.
예약도 해야 한다. 까다롭지만 끓여서 내는 엽차 하며
정갈한 반찬 하며 무엇보다
매우 수줍어하는 주인의 애교까지 보탠다면
오늘 못 가면 내일, 내일 못 가면 모레···
기다리고 기다려서 꼭 가볼 일이다.

방문 날짜 20 .   .   나의 평점 🍚🍚🍚🍚🍚

방문 후기

서궁

TEL. 02-780-7548

식당 주소

서울 영등포구 국제금융로 86,
지하 1층

운영 시간

11:00-22:00, 토요일 11:00-21:00
휴식시간 15:00-16:30
일요일, 추석 휴무

주요 메뉴

오향장육
군만두

짜장면이 없는 40년 전통의 중식당으로 암퇘지 앞다리살에 팔각 열매와 간장, 마늘 등을 넣고 조린 오향장육과 겉은 바삭바삭하고 속이 촉촉한 군만두가 인기다.

쩐슬

새 집으로 옮긴 지 얼마 되지 않아서
40년 역사는 느껴지지 않는다.
쩐슬* 맛이 기막히다 그래서 오향장육이 맛있다.

*쩐슬: 돼지고기를 조릴 때 나오는 젤라틴 성분이 굳어진 것을 말한다.

방문 날짜 20   .   .   나의 평점

방문 후기

대원앤대원

TEL. 02-784-0879

식당 주소
서울 영등포구 국제금융로8길 34,
2층

운영 시간
11:00-23:30
토요일, 일요일 휴무

주요 메뉴
꼬치구이
생선구이

생선구이 맛집으로 단무지와 날치알이 들어간 구운 주먹밥과 은근한 불에 오래 구워 나오는 생선구이가 일품이다. 주방장이 꼬치와 생선을 구워주는 테이블 앞에서 술 한 잔에 시름을 잊는다.

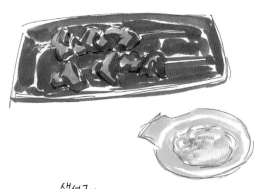

생선구이와 닭꼬치구이가 일품이다.
혼술 장소로도 딱이다.
연인과 헤어졌을 때, 직장에서
저녁때를 놓쳤을 때 이곳을 찾자.
주방장 앞 테이블에 앉아서 시간을 보내고 나면
즐거움만 있을 뿐이다.

방문 날짜 20 . .   나의 평점 🍚🍚🍚🍚🍚

방문 후기

은진포차

TEL. 010-3337-7079

식당 주소

서울 영등포구 도림로133길 20

운영 시간

16:00-24:00
일요일 휴무

주요 메뉴

가자미조림, 관자버터구이
두루치기, 문어숙회

매일 들어오는 해산물에 따라, 그리고 각자가 원하는 조리법에 따라 메뉴가 달라지는 곳. 빨간 양념의 조림 국물은 밥 비벼 먹고 싶을 정도로 감칠맛이 있고, 가자미도 크고 두툼해 먹을 살밥도 많다. 버터에 노릇노릇하게 구운 키조개와 관자도 젊은이들에게 인기 메뉴.

낮에는 철공소 밥집. 밤에는 젊은이들의 모임터.
이곳에 젊은 피가 수혈되고 있다.
연남동이나 성수동처럼 밝게 변할 것이다.

방문 날짜 20 . . 나의 평점 😋😋😋😋😋

방문 후기

덕원

TEL. 02-2634-8663

식당 주소

서울 영등포구 버드나루로6길 6

운영 시간

09:00-21:00
주말, 공휴일 10:00-20:00
휴식시간 15:30-17:00

주요 메뉴

방치탕(한정 판매)
꼬리곰탕
소머리수육

방치는 소 엉덩이뼈를 뜻한다. 뚝배기가 넘치도록 커다란 방치는 50
여 년의 내공으로 제대로 삶아져 꼭 참기름 친 듯 고소하다. 특히 쫄깃
한 살코기와 끈적한 콜라겐 같은 부분이 섞여 있어 다양한 식감을 즐
기기에 이만한 부위가 없다. 국물도 깔끔하니, 그릇째 들이켜도 좋다.

시간은 항시 빠르다.
이젠 빛의 속도로 사라진다.
허나 이런 음식이 곁에 있어 줘서 견딜 만하다.
서운하지 않다.

방문 날짜 20   .   .   나의 평점 🍚🍚🍚🍚🍚

방문 후기

완산정

TEL. 02-878-3400

식당 주소

서울 관악구 봉천로 484

운영 시간

09:00-02:00
금요일, 토요일 08:00-05:00
일요일 08:00-17:00

주요 메뉴

콩나물해장국
굴보쌈(계절 한정 판매)

빨갛고 시원한 국물과 아삭한 콩나물, 통통하게 불은 쌀밥. 서울대입구역의 45년 터줏대감이다.

고시생, 대학생의 호주머니 사정을 생각해 주는 집.
여기서 희망을 배불린다.

방문 날짜 20   .   .   나의 평점

방문 후기

막불감동

TEL. 02-883-2110

식당 주소

서울 관악구 남부순환로 1599

운영 시간

11:00-22:00
휴식시간 15:20-16:40
라스트 오더 21:30

주요 메뉴

메밀칼국수
메밀새우교자

메밀칼국수를 시키면 불고기도 주는 곳. 통메밀, 순메밀로 반죽한 면의 향이 일품이다.

백반기행을 떠올 수 없는 이유.
문을 나가는 손님들의 만족스러운 얼굴이 가득합니다.

방문 날짜 20 . .　　　　나의 평점 🍚🍚🍚🍚🍚

방문 후기

춘천골
숯불닭갈비

TEL. 02-873-8592

식당 주소

서울 관악구 신림동7길 46

운영 시간

16:00-24:00

라스트 오더 23:00

주요 메뉴

닭갈비

간판 없는 식당. 그러나 웨이팅은 필수! 닭을 부위별로 먹을 수 있다니, 신세계 발견이다.

All about chicken!

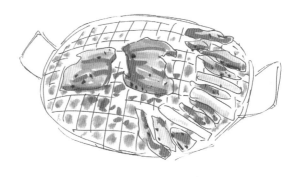

방문 날짜 20 . .　　나의 평점 🍚🍚🍚🍚🍚

방문 후기

또순이원조순대
본점

TEL. 02-884-7565

식당 주소

서울 관악구 신림로59길 14

운영 시간

10:00-04:00
월요일 10:00-22:00
주말 09:00-04:00

주요 메뉴

순대곱창볶음
백순대볶음

삼삼오오 모여서 부담 없이 먹고 갈 수 있는 이런 가게가 있다는 게
신림동의 복이다.

와! 실내가 전부 분홍색!
나이트클럽에서 가성비 높은 순대 먹는 맛!

방문 날짜 20 . .   나의 평점 😊😊😊😊😊

방문 후기

부산횟집

TEL. 02-2268-1317

식당 주소

서울 종로구 돈화문로4길 38

운영 시간

11:00-22:00
일요일 휴무

주요 메뉴

생광어/생우럭 미역지리
매운탕

이미 신선한 회로 유명한 집이지만 완도산 생미역으로 끓여내는 생선맑은탕을 맛보면 진가를 확인할 수 있다. 특히 생우럭미역맑은탕은 늘 먹어도 좋겠다.

미역을 넉넉히 넣고 국을 끓인다.
미역을 먼저 먹고 우럭이 익을 때쯤
국물을 뜨면 노오란 기름이 고소하다.
원래 이 부근에서 유명한 집이다.
그만큼 싱싱한 재료로 맛을 낸다.
세운 상가 부근에 가면 꼭 가야 할 집이다.

방문 날짜 20 . .   나의 평점 😊😊😊😊😊

방문 후기

유진식당

TEL. 02-764-2835

식당 주소
서울 종로구 종로17길 40

운영 시간
11:00-21:00
휴식시간 14:30-16:00
월요일 휴무

주요 메뉴
평양냉면
녹두지짐
돼지수육

돼지수육과 녹두빈대떡도 좋지만 오랜 역사를 자랑하는 평양냉면이 으뜸. 순메밀로 뽑아낸 덤덤한 면에 육향이 진한 육수를 미지근하게 부어내는 평양냉면의 진수를 맛볼 수 있다.

오래전에 6,000원일 때 먹은 적이 있다.

지금은 10,000원이다.

아버지의 사진이 벽에 자리 잡았다.

그분의 값을 올리지 말라는 뜻을 지키고 있다.

맛도 지키고 있다.

낙원 상가의 시니어 극장과

악기 가게들을 둘러보고 들르면 딱이다.

방문 날짜 20   .   .   나의 평점 🍚🍚🍚🍚🍚

방문 후기

광주식당

TEL. 02-2236-5247

식당 주소

서울 종로구 지봉로2길 15

운영 시간

08:00-15:00
토요일, 일요일 08:00-16:00
월요일 휴무

주요 메뉴

동태찌개백반

복잡한 풍물시장에서 긴 줄을 마다하지 않은 식당이 있다. 차례가 되어도 합석은 기본, 앉자마자 턱 내놓는 단일 메뉴인 동태탕. 기다린 보람은 싼 가격과 맛으로 보상된다.

간단하다. 고향이 광주니까 광주 식당이다.
메뉴도 간단하다. 동태찌개 한 가지다.
무지 복잡한 풍물 시장에서 주소도 정확치 않은 곳에 있다.
찾기도 힘들다.
그러나 일류 레스토랑의 맛보다
입에 남아 있는 동태찌개의 여운은 길다.

해장국사람들

TEL. 02-736-6088

식당 주소

서울 종로구 자하문로 50-1

운영 시간

06:30-21:30

주요 메뉴

선짓국
순댓국
국밥

마치 티라미수 케이크 같은 동그란 선지가 먼저 눈길을 사로잡는다. 뒤이어 구수하면서도 시원한 국물의 해장국 경지는 한 번 맛보면 쉬 멈추기 어려울 정도. 손질 어려운 양을 깨끗하게 벗겨내 냄새를 제거한 것이 비법.

벽에 써진 글이 있다.
"더 맛있는 선짓국은 없다고 자부합니다."
그럴 만도 하다.
콩나물과 파를 국이 끓은 다음에 넣어서 씩씩한 맛이다.
국물이 맑고 고추기름이 한몫한다.
정성 또한 가득하다.

방문 날짜 20   .   .   나의 평점 🍚🍚🍚🍚🍚

방문 후기

경동맛집

TEL. 02-720-7813

식당 주소

서울 종로구 자하문로1길 7

운영 시간

13:00-22:00
주말 12:00-22:00

주요 메뉴

가오리찜, 꼬막요리
들깨수제비, 칼국수

갓김치, 홍어무침, 미나리무침이 나오는데 하나하나가 범상치 않은 맛으로 유명 셰프도 인정한다는 고수다. 본고장 맛에 뒤지지 않은 가오리찜, 꼬막전과 데친 새꼬막 등 제철 음식을 맛있게 먹을 수 있다.

10일 숙성한 가오리찜, 새꼬막, 미나리무침,
특히 1년 삭았다는 굵은 갓지(갓김치)는
아직도 톡 쏘는 맛을 보듬고 있었다.
그럴 리 없는데,
갓지를 담그고 5일이면
그 맛이 없어지는데 자주 가서 비법을 캘 일이다.

방문 날짜 20   .   .   나의 평점 🍚🍚🍚🍚🍚

방문 후기

별미곱창

TEL. 02-737-1320

식당 주소

서울 종로구 자하문로1길 50

운영 시간

12:00-22:00

주요 메뉴

돼지곱창볶음

돼지곱창 단일 메뉴로 문전성시를 이루는 집. 잘 손질된 곱창도 수준 급이지만 양념장이 단연 압권이다. 마무리는 역시 볶음밥인데 곱창이 조연이라고 해도 좋을 만큼 환상적인 맛이다.

메뉴는 딱 하나 곱창볶음.
그리 크지 않은 공간이지만 기름때가 보이지 않는다.
주인의 성격이 까칠한 만큼 자부심으로 영업한다.
자부심은 끝까지 지켜야 할 마지막 재산이다.

방문 날짜 20 . .   나의 평점 🍚🍚🍚🍚🍚

방문 후기

삼지

TEL. 02-763-8264

서울 종로구 북촌로2길 5-7 헌법재
판소 정문 맞은편 세탁소 골목 안

운영 시간

11:30-21:30, 토요일 11:00-19:00
(특별 예약 시 마감 시간 연장 가능)
일요일 휴무(예약 시 오픈 가능)

주요 메뉴

대패삼겹살
철판콩삼이
김치죽

노릇하게 잘 구워진 대패삼겹살을 마늘 소금에 찍어 갓김치에 싸서 먹으면 끝도 없이 들어간다. 볶음밥으로 대미를 장식하는 것도 좋지만, 술꾼들의 속을 염려하는 주인장의 마음이 깃든 김치죽도 별미다. 콩나물이 들어가 시원한 것이 속이 금세 든든해진다.

대패삼겹살은 빨리 먹고 복귀해야 하는
직장인들을 위한 메뉴가 아닐까?
뚝닭(뚝배기 안의 닭고기)이랑 김치죽도 마찬가지겠지?

방문 날짜 20   .   .   나의 평점 😋😋😋😋😋

방문 후기

황생가칼국수

TEL. 02-739-6334

식당 주소

서울 종로구 북촌로5길 78

운영 시간

11:00-21:30
명절 당일 휴무

주요 메뉴

사골칼국수
왕만두
버섯전골

북촌의 점잖은 모습을 그대로 닮은 칼국수. 뽀얀 사골 육수가 진하고 깔끔하다. 매일 빚는 왕만두도 피가 얇고 담백한 편. 여기에 은은한 양념의 백김치까지 곁들이면 입이 깔끔하게 정리된다. 북촌에서 먹는 반가 음식에 정말로 내가 양반이 된 것만 같다.

양념이 세지 않고 잔잔한 맛.
대청마루에 친구랑 마주 앉아 반가의 음식상을 받았다.
양반의 기분이란 이런 것이로구나.

방문 날짜 20   .   .   나의 평점 🍚🍚🍚🍚🍚

방문 후기

밀과보리

TEL. 02-747-5145

식당 주소
서울 종로구 창덕궁1길 32

운영 시간
11:30-22:00
일요일 휴무

주요 메뉴
곤드레밥, 감자전
미나리전, 홍어전

이 집의 곤드레밥은 반으로 나눠 한 번은 양념간장을, 다른 한 번은 강된장을 넣고 비벼 먹어야 제대로 먹었다 할 수 있다. 특히 짭짤하면서 구수한 강된장이 곤드레밥과 환상의 궁합. 오로지 감자만 갈아 기름에 노릇하게 구운 감자전도 두툼하니 제대로다.

곤드레밥 strike
감자전 strike
미나리전 strike
3 strike인 줄 알았죠?
홍어전 strike!
4 strike입니다!

방문 날짜 20   .   .   .   나의 평점 🍚🍚🍚🍚🍚

방문 후기

미인과자연

TEL. 010-5372-6389

식당 주소

서울 종로구 세검정로9길 78

운영 시간

11:00-14:00
일요일 휴무

주요 메뉴

백반(메뉴는 매일 바뀝니다.)

높으신 분들의 입맛을 사로잡던 주인장이 선보이는 백반. 무채오징 어젓갈무침, 밤깻잎장아찌 등 평범한 반찬에서도 단점은 보완하고 장점은 더욱 살리려는 주인장의 솜씨가 여지없이 드러난다. 심지어 같은 식재료라도 원산지별로 특징을 구분해서 쓰니, 정성이 대단하다.

길을 떠날 때 기대되는 것이 둘 있다.
밥상과 그것을 만들어 내는 여인.
이 둘을 빼면 길을 나설 맛이 없다.

방문 날짜 20 . .   나의 평점 🍚🍚🍚🍚🍚

방문 후기

용금옥

TEL. 02-777-4749

식당 주소

서울 종로구 자하문로 41-2

운영 시간

11:30-21:30
토요일, 공휴일 11:30-21:00
일요일, 명절 휴무

주요 메뉴

서울 추탕
추어튀김

1932년에 개업한 곳으로, 대표 메뉴는 서울식 추어탕인 '추탕'이다. 걸쭉한 국물 속에 두부, 유부, 소 곱창 등 다양한 재료가 들어 있는 점이 독특한데, 일제강점기 당시 구하기 쉬웠던 영양 보충원들을 넣은 것이란다. 한국의 근현대사가 그대로 담겼다 해도 과언이 아니다.

여보게, 이 집 기억허시는가.
91년 전 금강산 구경 떠날 때
점심하던 곳일세.

방문 날짜 20 . .   나의 평점 😋😋😋😋😋

방문 후기

자하촌만두

TEL. 02-379-2648

식당 주소

서울 종로구 백석동길 12

운영 시간

11:00-21:00
명절 전일, 당일 휴무
월요일 휴무

주요 메뉴

만둣국, 모둠만두
만두전골, 자하 냉채

진정한 서울 음식이란 무엇인가를 알 수 있는 집. 모듬만두와 만둣국 모두 뭐가 하나 빠졌나 싶을 정도로 심심한 간이지만, 충분히 씹고 천천히 음미하다 보면 음식과 재료 본연의 맛이 생생하게 살아난다. 조선간장과 김치를 조금씩 곁들여 간을 보태는 것도 좋은 방법이다.

여보시게, 세상일이란 이런 것 아니겠나.
그런저런 밥상 만나다가
오늘같이 근사한 밥상도 만나는 거지.
그만 화 푸시고 들어가시게나.

방문 날짜 20   .   .   나의 평점 ⊕⊕⊕⊕⊕

방문 후기

진옥화할매
원조닭한마리
TEL. 02-2275-9666

식당 주소

서울 종로구 종로40가길 18

운영 시간

10:30-01:00
라스트 오더 23:30

주요 메뉴

닭한마리

맑은 육수에 닭 한 마리가 덩그러니 담겨 나오는 요리 '닭한마리'. 깔끔하고 담백한 국물도 제맛이지만 이 집의 핵심은 양념장이다. 취향껏 만드는 양념장에 부드러운 살코기를 찍어 먹으면, '언제 또 오지?' 고민하게 된다. 칼국수 면과 김치를 넣은 칼칼한 마무리도 완벽하다.

오늘 촬영 시작이 좋습니다.
이 집을 잊지 못하는 분들 많은 이유가 있습니다.

충성!

방문 날짜 20   .   .   나의 평점 🍚🍚🍚🍚🍚

방문 후기

오라이등심

TEL. 02-2279-8449

식당 주소
서울 종로구 종로32길 23-5

운영 시간
10:30-24:00

주요 메뉴
동그랑땡
꼼장어

돼지 목살을 동그랗게 말아 구운 걸 두고 손님들이 애칭으로 '동그랑 땡'이라 부르던 것이 지금의 이름이 되었다. 과하게 달지 않고 적당히 잘 밴 빨간 양념이 이 집의 비기. 그러나 진짜 비기는 시장 동료들을 생각해 음식을 사 와 같이 먹어도 된다는 주인 인심인 듯하다.

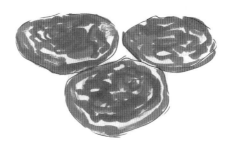

자네, 요즘 세상은 인심이 박하다고 했지?

이 집 가보게나.

그 말 쏙 들어가고 말걸세.

방문 날짜 20   .   .   나의 평점 🍚 🍚 🍚 🍚 🍚

방문 후기

새집

TEL. 02-2275-2848

식당 주소

서울 종로구 종로26길 14-1

운영 시간

전화 후 방문 추천
일요일 휴무

주요 메뉴

가정식백반
부대찌개

그저 집에서 먹는 것처럼 한다는 주인장. 인근 상인들의 끼니를 생각
해 이것저것 내오는 반찬에 정이 한가득 담겨 있다. 몸이 좋지 못한
주인장에게 식당이 사라질까 걱정하는 손님들이 건강 먼저 챙기라며
잔소리를 하는 곳. 이곳이야말로 우리가 찾던 백반집이 아닐까.

우리가 찾던 어머니의 밥상을
여기서 또 만났습니다.
복잡한 골목 안에 숨어 있어서
더욱 빛나는 집입니다.

방문 날짜 20   .   .   나의 평점 🍚🍚🍚🍚🍚

방문 후기

이문설렁탕

TEL. 02-733-6526

식당 주소

서울 종로구 우정국로 38-13

운영 시간

08:00-21:00
(재료 소진 시 조기 마감)

주요 메뉴

설농탕
도가니탕

121년 역사에 서울시 음식점 등록 1호 식당. 그릇에 숟가락 하나가 꽂혀 나오는 것도 옛 방식 그대로란다. 만하타방(소의 비장), 양지, 소머리, 볼살 가득한 건더기는 그야말로 일품. 국물은 별다른 거 추가하지 않고 사골만 넣어서 끓였다는데, 고소함의 극치가 여기인 듯하다.

쉽게 넘어갈 수 없는 국물의 맛.
이 맛이 121년을 유지한 핵심!

방문 날짜 20   .   .   나의 평점 🍚🍚🍚🍚🍚

방문 후기

이식당

TEL. 010-6579-3551

식당 주소

서울 종로구 평창문화로 94

운영 시간

12:00-23:00

일요일 휴무

주요 메뉴

한우초밥

양지국수

한우다타키

점심 특선 메뉴인 한우초밥과 양지국수. 한우초밥은 우둔살을 얹은 뒤 토치로 살짝 익혀 겉은 노릇하고 속은 촉촉하다. 3시간을 우린 육수에 생면과 양지를 넣은 양지국수는 무엇보다 간이 세지 않아 국물을 계속 마시게 된다. 동네마다 이 집처럼 개성 넘치는 가게가 많으면 좋겠다.

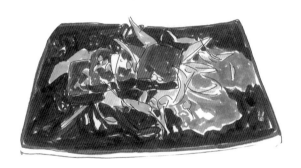

평창동을 찾을 이유!!

방문 날짜 20   .   .   나의 평점 😋😋😋😋😋

방문 후기

충무칼국수

TEL. 02-743-1966

식당 주소

서울 종로구 창경궁로 123-5

운영 시간

11:30-21:00
토요일 11:30-16:00
일요일 휴무

주요 메뉴

칼국수, 보쌈
굴무침, 칼만두

새로운 음식을 발견했을 때 느끼는 짜릿함과 기쁨은 이루 말로 다 표현할 수 없지만, 익숙하고 친숙한 음식을 입에 넣었을 때 느끼는 기쁨도 그에 못지 않다. 바지락 넣어 시원한 칼국수, 뜨끈한 보쌈과 새콤한 굴무침의 조합은 평생을 먹어 왔지만, 어째서 매번 위로를 받고야 만다.

뭐니 뭐니 해도
등 따시고 배부른 것이
최고입니다.

방문 날짜 20   .   .   .   나의 평점

방문 후기

능라밥상

TEL. 02-747-9907

식당 주소

서울 종로구 사직로2길 14

운영 시간

11:00-21:00
휴식시간 15:00-16:00
라스트 오더 20:30

주요 메뉴

평양냉면
감자만두

메밀 100% 면. 메밀 껍질을 넣지 않아 순백색을 띠는 면은 익반죽을
해 쫄깃하다.

한가락 하는 냉면집은 많습니다.
이 집도 그중 한 곳입니다.
100% 메밀 면이 끊어지지 않게 반죽하는 법은 비밀이라고 합니다.
모두가 아는 비밀은 비밀이 아닙니다.

방문 후기

다락정

TEL. 02-725-1697

식당 주소

서울 종로구 삼청로 131-1

운영 시간

11:00-21:30

주요 메뉴

김치만두전골
녹두지짐

만두에 김치가 아니라 양념한 배추를 넣는게 비법. 녹두전은 어리굴
젓을 곁들이는 황해도 방식으로 즐겨 보자.

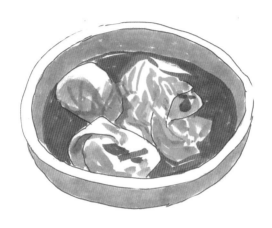

이곳은 경복궁 부근입니다.
궁 안에 계셨던 분들 밤에 몰래 나와 즐겼을 직합니다.

방문 날짜 20   .   .   나의 평점 😊😊😊😊😊

방문 후기

강구미주구리

TEL. 02-733-7888

식당 주소

서울 종로구 자하문로2길 5

운영 시간

11:00-22:30
휴식시간 15:00-17:00
일요일 휴무

주요 메뉴

막회, 백고동
문어숙회, 갈치조림

제철 생선을 썰어 내는 막회와 매일 산지 주문하는 백골뱅이가 신선하기 그지없다.

오래 살면서 발품 팔아야
좋은 음식 만납니다.

방문 날짜 20   .   .   나의 평점 🍚🍚🍚🍚🍚

방문 후기

인사동양조장

TEL. 02-739-6451

식당 주소

서울 종로구 율곡로 44-16

운영 시간

11:30-22:00
주말 12:00-21:00
휴식시간(평일) 15:00-17:00

주요 메뉴

해물파전
서대찜
꼬막비빔밥

장독이 많은 집이야말로 음식에 내공이 있는 곳이다. 저온 숙성 막걸리와 해물파전의 만남!

서울 시내 한복판에 배짱 좋게 뜨어억!
직접 빚은 막걸리와 전이 있다면 더 일러 무엇하리오.

방문 날짜 20 . . 나의 평점

방문 후기

가향

TEL. 02-2279-5327

식당 주소

서울 종로구 삼일대로 390-10

운영 시간

17:30-24:00

주요 메뉴

코스(전화 예약 필수)
안키모(아귀 간)폰즈스께
모둠숙성회, 가오리찜

코스를 예약하고 원하는 재료를 말하면, 한·중·일·양식으로 다양하게 조리된 음식을 맛볼 수 있다.

살다 보면 필요한 것을 채우면서 살아가는데,
이 집이 그런 집입니다.

방문 날짜 20   .   .   나의 평점 🍚 🍚 🍚 🍚 🍚

방문 후기

잊지마식당

TEL. 02-2265-4328

식당 주소

서울 중구 퇴계로41길 47

운영 시간

00:00-24:00
연중무휴

주요 메뉴

삼치구이, 고등어구이
임연수구이, 제육볶음

5,000원 백반으로 직장인과 상인들의 점심을 책임지고 있는 식당으로 계절마다 요일마다 바꿔내는 국을 기대하게 한다.

주문이 들어오면 바로 굽기 시작하는 삼치, 임연수 등이
구운 지 오래된 것보다 훨씬 맛이 좋다.

방문 날짜 20 . . 나의 평점 ⬤⬤⬤⬤⬤

방문 후기

동원집

TEL. 02-2265-1339

식당 주소

서울 중구 퇴계로27길 48, 1층

운영 시간

09:00-22:00
토요일, 공휴일 09:00-21:00

주요 메뉴

감자국

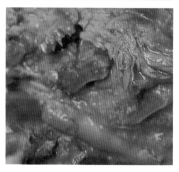

골목길 허름한 식당 앞은 항상 긴 줄이 선다. 시래기나 우거지를 넣지 않은 순등뼈 감자국이 일품. 순대가 없는 대신 두툼한 돼지머리 고기와 내장을 가득 넣은 순댓국밥으로도 유명하다.

이 집 감자국을 먹겠다고 추운 겨울에도 줄을 길게 서 있다.
"나 여기 가봤어."라고 존재감을 과시하는 곳이다.
요즘 젊은이들은 기성세대랑 달리 엉뚱한 곳에 시간을 투자한다.

방문 날짜 20 . .   나의 평점 😊😊😊😊😊

방문 후기

약수동
춘천막국수

TEL. 02-2232-2969

식당 주소
서울 중구 다산로10길 6

운영 시간
11:00-21:30
1월 1일, 명절, 명절 다음 날 휴무

주요 메뉴
이북식찜닭
막국수
닭볶음탕

이북 출신들이 터전을 잡은 약수동에는 이북식 찜닭이 있다. 찜닭은 데친 부추와 김치를 얹어 먹으면 그만이고, 칼칼한 닭볶음탕은 소주를 부른다. 마무리는 메밀 껍질까지 갈아 구수한 막국수가 제격.

이곳은 오현경 씨 단골집. 찜닭이 나왔다.
위에 얹어 놓은 부추는 포마드 기름을 머리에 바르고
빗질을 한 멋쟁이의 그것이 연상된다.
닭고기 맛은 훌륭했다. 고정관념을 깨는 순간이었다.
기존의 닭백숙은 기름기가 많아서 싫었는데
이놈은 기름기가 없다.
술 한잔이 생각난다. 친구랑 다시 올 일이다.

방문 날짜 20 .   .   나의 평점 🍚🍚🍚🍚🍚

방문 후기

천일삼계탕

TEL. 02-2273-9405

식당 주소
서울 중구 장충단로13길 43, 2층

운영 시간
10:00-20:00
일요일 휴무

주요 메뉴
삼계탕
칼국수(오후 1시 이후 가능)

하루 80마리만 한정 판매하는 60년 자부심. 그날 판매할 닭 80마리를 사와 푹 삶아 뒀다가 뚝배기에 담아 내 주변 상인들의 건강식으로 인기가 높다. 남은 국물에 칼국수를 넣으면 별미가 된다.

삼계탕이 주인공인데 조연인 칼국수 면이 보태지면
서로의 장점을 경쟁하듯 자랑한다.
이 부근에 단일 품목만 취급하는 식당이 많은 이유는
이곳에서 일하는 사람들이 시간에 쫓기는지라
빨리 먹고 가서 일들 해야 하기 때문이다.

방문 날짜 20   .   .   나의 평점

방문 후기

경상도식당

TEL. 02-2265-4714

식당 주소

서울 중구 을지로39길 29

운영 시간

11:30-21:30
휴식시간 14:30-16:00
일요일 휴무

주요 메뉴

연탄돼지갈비

서울에서 둘째가라면 서러운 돼지갈비. 이웃 공구 상가가 퇴근하면 그 앞은 노천 식당이 된다. 지글지글 불맛을 입힌 돼지갈비에서 소갈비 맛이 난다.

"1인분 15,000원 추가 시 1인분은 안 됩니다."
메뉴판에 적힌 문구가 한참 이해되지 않아 수정 제의를 했다.
1인분씩은 팔지 않으니까.
"2인분 30,000원 추가 시 1인분은 안 됩니다."
돼지갈비 맛을 돕는 냉콩나물국이 한몫하는 집이다.
일렬로 죽 늘어선 테이블이 분위기 좋은 집이다.

방문 날짜 20   .   .   나의 평점 🍚🍚🍚🍚🍚

방문 후기

산동교자

TEL. 02-778-4150

식당 주소

서울 중구 남대문로 52-13

운영 시간

11:00-21:30
명절 휴무

주요 메뉴

오향장육, 물만두
수초면, 탕수육

대한민국의 중심, 명동에 다락방이 있는 식당이라니! 워낙 땅값이 비싸 식당을 반으로 쪼개 공간을 곱빼기로 쓰고 있다. 얇은 피에 부추와 고기에서 나온 즙 가득 찬 물만두는 계속 손이 가는 맛이고, 센 불에 채소와 해산물을 볶아 만든 수초면도 구수한 향이 일품이다.

이 골목에 이런 집이
아직 남아 있다니요.
신대륙 발견이오~~ ♪

방문 날짜 20   .   .   나의 평점 🍚🍚🍚🍚🍚

방문 후기

왕성식당

TEL. 02-752-9476

식당 주소
서울 중구 남대문시장길 18-2

운영 시간
07:00-19:00
일요일, 명절 휴무

주요 메뉴
갈치조림
된장찌개
북엇국

30년 넘게 남대문 시장 갈치 골목을 지켜온 식당. 무엇보다 이 집의 갈치조림은 양념이 생각보다 달지 않아 갈치 본연의 맛을 즐길 수 있어 좋다. 고춧가루의 칼칼함과 듬뿍 넣은 대파의 단맛이 조화롭고, 그 양념이 제대로 밴 무는 과연 하이라이트다. 참 맛있는 갈치조림이다.

새빨간 갈치조림.
매운 듯하다가 깨끗한 맛.
애호박만 보태면 어머니의 갈치조림.

| 방문 날짜 | 20 . . | 나의 평점 |  |

방문 후기

진주집

TEL. 02-753-9813

식당 주소

서울 중구 남대문시장길 22-2

운영 시간

08:00-21:00

명절 휴무

주요 메뉴

꼬리토막, 꼬리찜
양지수육, 방치찜

포크로 꼬리토막의 두툼한 살코기를 발라 먹는 재미가 쏠쏠하다. 꼬리의 윗부분은 쫄깃쫄깃 씹는 맛이 살아 있고 중간 부분은 촉촉하고 부드러운 것이, 같은 꼬리인데도 맛이 어쩜 이렇게 차이가 나나 신기할 뿐이다. 국물은 맑으면서도 맛이 묵직하니, 소주 한 병으론 부족하다.

소꼬리 하나에도 등급이 나눠집니다.
차별 없는 세상에서 살았으면 좋겠습니다.

방문 날짜 20   .   .   나의 평점 ⬤⬤⬤⬤⬤

방문 후기

산정

TEL. 02-2277-0913

식당 주소

서울 중구 동호로 288

운영 시간

11:30-22:00
토요일 11:30-21:00
일요일 11:30-20:00

주요 메뉴

제주 오겹살
사골스지배추탕

오겹살의 묘미는 바로 비계와 껍질 부분. 쫄깃한 찰떡을 씹는 것만 같은 오겹살은 아무것도 안 찍고 그냥 먹어도 아주 맛있지만, 명란을 곁들여 먹으면 짭짤함이 더해져 따로 소금 간이 필요 없다. 마무리로 시원한 국물의 스지배추탕까지 먹으면, 완벽한 한 끼 식사다.

오겹살 쫄깃한 맛에 환장하겠더라.
구운 돼지고기에 명란을 얹어 먹고
콩나물비빔밥에 된장국, 스지탕은
문 앞을 나오면서 이렇게 외치고 말았네.
"내일 다시 올께에에!!"

방문 날짜 20   .   .   나의 평점 😋😋😋😋😋

방문 후기

라칸티나

TEL. 02-777-2579

식당 주소

서울 중구 을지로 19

운영 시간

11:30-22:00, 공휴일 17:00-22:00
휴식시간 15:00-17:00
일요일 휴무

주요 메뉴

스파게티 콘 레 봉골레
주파 디 치폴레
젤라또 카싸타

1967년에 개업한 한국 최초의 이탈리안 식당답게 이곳의 음식은 한국인의 입맛에 맞게끔 진화했다. 모 기업의 회장님이 살아생전 좋아하셨다는 봉골레파스타에는 특이하게도 백합이 들어간다. 뽀얀 조개 국물 시원한 것이 파스타로 해장을 해도 될 것만 같은 기분이다.

이 의자에는 어느 회장님이 앉았을까.
저 포크는 고기 집어 누구 입으로 들어갔을까.
음식과 함께 이 집의 역사를 먹었습니다.

방문 날짜 20   .   .   나의 평점 🍚🍚🍚🍚🍚

방문 후기

충무집

TEL. 010-2019-4088

식당 주소

서울 중구 을지로3길 30-14

운영 시간

11:30-22:00
토요일 11:30-20:00
일요일 휴무

주요 메뉴

도다리쑥국
멍게밥
갈치조림

서울에서 통영 음식의 진수를 보여 주고 있는 주인장. 도다리쑥국의 쑥마저 통영에서 바닷바람을 맞고 자란 것만을 고집하니, 한술 뜨기 도 전에 그 향으로 벌써 맛을 본 기분이다. 매일 달라지는 기본 찬도 해초 반찬으로 가득하니, 정말로 통영에 온 것만 같다.

도다리쑥국을 만나니 작년의 오늘이구나.
훈훈한 봄기운 모두 반기지만
나이 든 노인은 봄 향기를 돌아서 있네.

방문 날짜 20 . .   나의 평점

방문 후기

이북만두

TEL. 02-776-7361

식당 주소

서울 중구 무교로 17-13

운영 시간

11:00-21:00
명절 당일 휴무

주요 메뉴

김치말이밥
김치말이국수
굴림만두

골목골목으로 들어가야 만날 수 있는 한옥 외관의 멋진 식당. 주인장이 이북에서 먹던 음식을 그대로 선보이고 있다. 김치말이밥은 겨울의 긴 밤을 나다 배고파지면 주인장의 어머니께서 술술 말아주시던 음식이란다. 김칫국물과 밥, 얼음이라는 단순한 재료이지만, 맛은 꽉 찼다.

길고 지루한 겨울밤,
만두와 김치말이밥은 좋은 간식거리였겠습니다.
벌써 내년 겨울이 기다려집니다.

방문 날짜 20 . .   **나의 평점** 🍚🍚🍚🍚🍚

방문 후기

백송

TEL. 010-9295-6292

식당 주소

서울 중구 다산로33다길 45

운영 시간

15:00-23:30

주요 메뉴

서댓살, 한우짝갈빗살
갈비탕, 칼국수

길 옆 쇼윈도에 걸어둔 갈비 세 짝에 눈이 휘둥그레졌다. 만약 지나가다가 이곳을 보았대도 지나치지 못했겠지. 이렇게 눈으로 먼저 확인했으니, 고기 맛도 없을 수가 없겠다. 부드러운 육즙 주머니를 입 속에서 터트렸나 싶은 갈빗살은 홍콩식 굴소스에 찍어 먹으면 감탄이 나온다.

다양한 갈비 짝의 맛을 한 곳에서 느낄 수 있는 집입니다.
시작은 짧지만 자신감이 꽈악 차 있는 곳입니다.

방문 날짜   20   .   .   나의 평점

방문 후기

서울곰탕

TEL. 02-2279-8314

식당 주소

서울 중구 장충단로7길 28

운영 시간

10:00-22:00
토요일 10:00-20:00
휴식시간 15:00-17:00, 일요일 휴무

주요 메뉴

돼지곰탕
수육

곰탕집은 김치가 맛있어야 하는데, 이 집이 그 집이다. 젓갈 넣지 않은 강원도식 물김치가 시원하기 그지없다.

돼지로 곰탕을 끓였습니다.
첫 대면이었지만 이내 친해졌습니다.
그리고 이 집 물김치….
유혹이 아주 심합니다.

방문 후기

신성식당

TEL. 010-6383-1903

식당 주소

서울 중구 창경궁로5길 34-7

운영 시간

11:00-21:00
휴식시간 14:00-16:00
일요일 휴무

주요 메뉴

백반(11:00-13:00)
닭볶음탕

근처 공장에서 일하는 식구를 위해 차린 밥상이 소문이 나서 식당을 차렸단다. 맛도 가격도 특등!

아!

이곳!

어머니의 밥상!

방문 날짜 20 . .   나의 평점 🍚🍚🍚🍚🍚

방문 후기

충무로쭈꾸미
불고기 충무로본점

TEL. 02-2279-0803

식당 주소

서울 중구 퇴계로31길 11

운영 시간

12:00-22:00
토요일 12:00-21:30
일요일 휴무

주요 메뉴

모둠(주꾸미, 키조개)

보름마다 담그는 고추장이 이 집 주꾸미 맛의 비법. 게다가 숯불에다 구워 먹으면, 다른 소스가 필요 없다.

이 메뉴 하나로 45년.
입맛 까다로운 종무로에서 버틴 집입니다.
확인이 필요 없습니다.

방문 날짜 20 .   .   나의 평점 ⬤⬤⬤⬤⬤

방문 후기

풍보식당

TEL. 02-2267-1801

식당 주소

서울 중구 퇴계로27길 14

운영 시간

11:00-22:00
일요일 휴무

주요 메뉴

통고기
껍데기

이틀에 한 번 마장동에서 고기를 받아 와 저온 숙성을 한단다. 덕분에 탄력이 남다르다.

고기는 같지만 맛을 내는 사람은 다릅니다.
같은 돌이라도 조각가의 수준에 따라 작품이 달라지듯 말입니다.

방문 날짜 20   .   .   나의 평점 🍚🍚🍚🍚🍚

방문 후기

콩나물국밥
맛있는집

TEL. 02-2252-5489

식당 주소

서울 중구 퇴계로 431

운영 시간

09:00-21:30
라스트 오더 21:00

주요 메뉴

콩나물국밥
감자전

황태 대가리로 육수를 낸 시원하고 깔끔한 콩나물국밥. 밥은 따로,
달걀은 뚝배기 속에 퐁당!

오랜만에 왔습니다.
국밥 맛이 변치 않아 고맙습니다.

방문 날짜 20   .   .   나의 평점 🍚🍚🍚🍚🍚

방문 후기

을지로전주옥

TEL. 02-2279-1710

식당 주소

서울 중구 수표로 63

운영 시간

11:00-22:00
휴식시간 15:00-17:00
일요일 휴무

주요 메뉴

오징어불갈비찜

숯불 초벌 갈비와 오징어를 한 데 넣고 센 불에 7분간 조린다. 마지막
에 먹은 볶음밥이 최고 별미!

샐러리맨의 분화구.
울지로의 버팀목.

방문 날짜 20   .   .   나의 평점 😊😊😊😊😊

방문 후기

곰국수손만두

TEL. 02-2275-5453

식당 주소

서울 중구 장충단로7길 31

운영 시간

11:00-21:00(토요일 15:00)
휴식시간 15:00-17:00
일요일 휴무

주요 메뉴

곰국수
육전

자가 제면을 해 가늘지만 탱탱한 면발 자랑하는 곳. 돼지 목살로 만든
육전도 놓칠 수 없는 메뉴다.

숟가락 통의 정리된 가지런함에
이미 이 집의 맛을 짐작했습니다.
역시···.

방문 날짜 20   .   . 　　　　나의 평점

방문 후기

옥경이네 건생선

TEL. 02-2233-3494

식당 주소

서울 중구 퇴계로85길 7

운영 시간

13:00-24:00
월요일 휴무

주요 메뉴

갑오징어구이
민어조림
서대조림

남편이 목포에서 직접 생선을 말린다. 싱싱한 놈들을 이틀간 해풍에 말렸으니 그 쫄깃함은 말해 무엇 하겠는가.

건강오징어가 한맛 하는 것은 알고 있었지만
아~ 이래서는 안 돼~~!

방문 날짜 20 . .   나의 평점 🍚🍚🍚🍚🍚

방문 후기

149

르셰프블루

TEL. 02-6010-8088

식당 주소

서울 중구 청파로 435-10

운영 시간

11:30-22:00
휴식시간 15:00-18:00
일요일 휴무, 전화 예약 필수

주요 메뉴

런치 기본 코스

프랑스 대사관 총괄 셰프가 운영하는 곳. 채식 코스도 가능하니 예약할 때 말하면 된다.

한국에서 프랑스 백반 주문이 가능합니다.
한국 음식과 전혀 타협하지 않은 본토 맛입니다.
(프랑스에서 먹어 봤어?)

방문 날짜 20   .   .   나의 평점 🍚🍚🍚🍚🍚

방문 후기

진주식당

TEL. 02-797-8065

식당 주소

서울 용산구 한강대로62나길 2

운영 시간

11:00-22:00
휴식시간 15:00-17:00
일요일 휴무

주요 메뉴

고등어구이
철판제육볶음

싱싱한 채소 반찬에 계란말이, 연탄불에서 노릇하게 구워낸 고등어 구이는 옛 생각을 절로 나게 하는 백반이다. 매일 직접 만들어 손님에게 끓여낸 누룽지에는 주인의 푸근한 정이 가득 담겨 있다.

고등어를 손질해서 물간을 하고 굽는데
연탄불에 태우지 않고 적당히 익히는 기술이 예술이다.
고등어의 비린 맛을 오이지의 매운맛과 김치의 짠맛이 조절해준다.
양이 많은 밥을 해치우는 데 같이 소비해야 할
된장찌개가 짜서 남길 수밖에 없는 것이 아쉽다.
주인 부부의 느긋함에 또 오고 싶은 집이다.
멀리서 친구를 끌고 와도 불평하지 못할 요소가 꽉 차 있다.

방문 날짜 20 .   .   나의 평점 🍚🍚🍚🍚🍚

방문 후기

바다식당

TEL. 02-795-1317

식당 주소

서울 용산구 이태원로 245, 2층

운영 시간

11:30-22:00
첫째, 셋째, 다섯째 월요일 휴무

주요 메뉴

존슨탕, 돼지갈비바비큐
폭찹, 소갈비바비큐

넓적한 치즈가 양푼 가운데를 차지하고 있는 이태원식 부대찌개 '존순탕'. 흔히 김치가 들어가는 부대찌개와 달리 존순탕에는 양배추가 푸짐하다. 목살을 압력솥에 쪄내 짜장처럼 걸쭉한 소스를 끼얹어 나온 '폭찹'은 달달하고 부드러워 젊은 입맛에 딱이다.

Since 1970.
미국 존슨 대통령은 진즉 가시고 존순탕만 남았구나.
그릇 안의 햄과 소시지, 그 옆에 빙 둘러 자리한
김치, 콩나물, 이태원의 지역적 특성이 만들어낸 음식이다.
젊은이들의 음식이다.

방문 날짜 20   .   .   나의 평점 🍚🍚🍚🍚🍚

방문 후기

섬집

TEL. 02-794-0087

식당 주소

서울 용산구 한강대로14가길 2

운영 시간

11:30-22:00
일요일 휴무

주요 메뉴

참게꽃게매운탕, 와다비빔밥
간장게장, 참게게장

엄마의 마음으로 메뉴를 하나둘씩 넣다 보니 20개가 되었단다. 내장의 짭짤함과 달걀의 부드러움이 기가 막히게 어우러지는 고노와다(このわた, 해삼 내장으로 만든 일본식 젓갈)비빔밥도, 참게와 꽃게가 같이 들어간 매운탕도 참 맛깔지다. 재료의 조화란 무엇인가 좀 아는 집이다.

승부는 맨 처음 등장한 굴젓김치로 끝났습니다.
용산 주민들, 이런 집이 있어서 행복하시겠어요.

방문 날짜 20   .   .   나의 평점 ⬭⬭⬭⬭⬭

방문 후기

157

용산양다리

TEL. 02-712-6238

식당 주소

서울 용산구 원효로41길 15, 1층

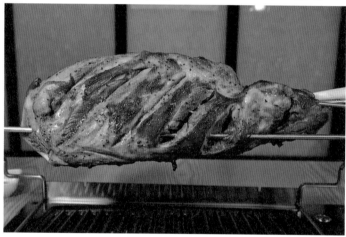

운영 시간

12:00-23:00

주요 메뉴

양다리구이(전화 예약 필수)
고급양갈비
마라탕

초벌로 20분 구운 호주산 램(ram) 다리 하나가 식탁 위에 등장했다. 겉은 바삭, 속은 쫄깃하며 양고기를 잘 못 먹어도 괜찮게 먹을 수 있을 만큼 냄새가 부담스럽지 않다. 먹고 남은 고기로 끓여주는 마라탕은 한국식으로 요리해 시원하고 칼칼한 것이 마무리로 딱이다.

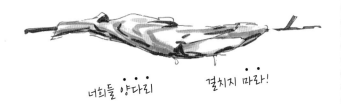

너희들 양다리   걸치지 마라!

방문 날짜 20 .   .   나의 평점 🍚🍚🍚🍚🍚

방문 후기

159

영덕식당

TEL. 02-794-2155

식당 주소

서울 용산구 한강대로62나길 14

운영 시간

10:00-22:00

주말 휴무

주요 메뉴

막회, 물회밥

회덮밥, 가자미찌개

얇게 썬 배와 오이, 고추, 미나리가 들어간 영덕식 막회. 막 썰어 먹는다는 '막회'라는 이름을 붙이기 민망할 정도로 하나의 엄선된 요리 같다. 살얼음을 산처럼 쌓아 마치 빙수 같은 물회밥은 찬물을 만나 쫀득해진 밥과 은은한 양념의 조화가 엄지 척. 용산에서 영덕을 만났구나!

앉은 곳은 용산이지만
영덕의 방파제에 앉아 있는 분위기입니다.
물회밥이 그만이었습니다.

방문 날짜 20   .   .   나의 평점 😋😋😋😋😋

방문 후기

삼다도

TEL. 02-988-7709

서울 강북구 삼양로29길 10-16

11:00-22:30
라스트 오더 21:30
월요일 휴무(공휴일인 경우 정상영업)

아귀찜
아귀탕

특별한 양념이 없는 아귀탕. 모든 맛은 아귀와 채소에서 나온단다.

40년 노포의 힘이다.

아귀탕에 다양한 재료가 들어갔지만
질서가 있어서 맛을 한층 더 보탭니다.

방문 날짜 20   .   .   나의 평점 ⬭⬭⬭⬭⬭

방문 후기

신진식당

TEL. 02-929-2913

식당 주소

서울 성북구 보문로30라길 3

운영 시간

11:00-19:00
휴식시간 15:30-17:00
1월 1일, 명절, 여름휴가, 일요일 휴무

주요 메뉴

우렁쌈밥정식

메뉴는 단 하나, '우렁 각시'라 부르는 우렁 된장 쌈밥이다. 각시가 있으면 신랑도 있어야 음양의 조화가 맞는 법. 우렁 각시를 시키면 직접 띄워서 만드는 청국장찌개가 '우렁 신랑'으로 따라 나온다. 환상의 호흡, 긴 말이 필요 없는 한 상!

야채에 밥, 풋고추, 고추된장 버무림,
거기에다 우렁된장을 얹고 입으로 가져가면
뒷일을 책임질 수 없다.
솔직히 우렁된장 맛이 환장하겠더라.

방문 날짜 20 . .   나의 평점 ⊖⊖⊖⊖⊖

방문 후기

국시집

TEL. 02-762-1924

식당 주소
서울 성북구 창경궁로43길 9

운영 시간
11:30-21:00
휴식시간 14:30-17:00
월요일 휴무

주요 메뉴
안동국시

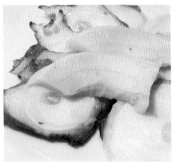

주 메뉴인 안동국시에 안동 양반집 잔치 음식 같은 문어숙회와 소고기수육, 그리고 대구전과 육전이 곁들여진다. 故김영삼 전 대통령의 단골 식당으로도 유명하다.

늦가을 밤하늘에
휘영청 둥근 달이 떴느냐,
거무튀튀한 밥상 위에
하얀 사기그릇에 담긴 국시가
모시적삼으로 멋을 낸 숙녀 같구나.

방문 날짜 20   .   .   나의 평점

방문 후기

달밝은집

TEL. 010-5042-7232

식당 주소

서울 성북구 정릉로6길 35, 1층

운영 시간

16:00~22:00, 라스트 오더 21:00
월/화/수요일 휴무(휴일 및 운영시간은
확인 후 방문 부탁드립니다.)

주요 메뉴

돼지불고기

66일 숙성한 돼지목살불고기가 주 메뉴. 잘 익은 고기에 고추장을 찍은 마늘을 얹어 한 점 먹고, 다음으로는 고추장을 찍은 고기를 양배추와 김치를 싸서 함께 먹으면 돼지고기의 신세계가 열린다.

젊은 부부의 음식 욕심이 대단하다.
60일 이상 숙성시킨 돼지고기를 초벌구이 해서 내어놓는다.
불판의 절반을 고기가 자리 잡고
나머지 절반은 김치가 자리 잡아 손님 앞에 선보인다.
달이 밝은 밤에 땡길 집이다.

방문 날짜 20 .   .   나의 평점 🍚🍚🍚🍚🍚

방문 후기

원조닭갈비

TEL. 02-952-4956

식당 주소

서울 노원구 한글비석로36길 65

운영 시간

11:00-22:00
격주 월요일 휴무

주요 메뉴

닭갈비(노계, 육계, 내장)
허파볶음

'노계, 육계, 내장'. 난생처음 보는 메뉴판이 먼저 눈길을 사로잡는다. 게다가 8,000원이라는 믿을 수 없는 가격까지. 노계는 생고무를 씹는 것처럼 질겨 호불호가 나뉘지만, 요 고소한 맛에 한번 중독되면 육계(영계)는 영 심심하단다. 노계야, 앞으로 널 사랑할 거 같구나.

아직 원조 찾지 못한 분, 오시오~~~
영계, 노계, 육계 다 있어요~~

나의 평점 🍚🍚🍚🍚🍚

방문 후기

어머니대성집

TEL. 02-923-1718

식당 주소

서울 동대문구 왕산로11길 4

운영 시간

06:00-04:00
일요일 06:00-15:00
월요일 18:00-04:00

주요 메뉴

해장국
등골

시어머니 방식 그대로 만든 서울식 해장국. 투명한 국물에 잘게 다진 양깃살, 우거지, 콩나물, 선지, 토렴한 밥이 푸짐하게 들었다. '맑으면서 진하다'는 말은 이곳을 두고 하는 말이 아닐까. 소고기 좀 아는 사람들은 등골(소의 척추뼈 속 신경 다발)도 꼭 먹어봐야 한다.

해장국의 끝은 어디일까요?
계속 진화하고 있습니다.

방문 날짜 20   .   .   나의 평점

방문 후기

토성옥

TEL. 02-966-1839

식당 주소

서울 동대문구 약령서길 28

운영 시간

08:00-21:00

주요 메뉴

도가니탕
모둠수육

36년간 약령시장을 지켜온 노포. 가격은 착한데 양은 넉넉하니, 참서민 식당이다.

나이 드신 분들이 운영하는 맛집에 가면
늘 후계자가 걱정됩니다.
하지만 이 집을 보고 걱정이 싹 없어졌습니다.
1대 사장과 2대 사장은 혈육 관계는 아니지만
믿음으로 물려받았습니다.

방문 날짜 20   .   .   나의 평점 🍚🍚🍚🍚🍚

방문 후기

원조
손칼국수보쌈

TEL. 02-2233-7001

식당 주소

서울 성동구 금호산2길 20-1

운영 시간

11:00-21:00

일요일 휴무

주요 메뉴

손칼국수
보쌈
콩국수(여름)

멸치 육수에 숙성된 반죽을 칼로 썰어 탱탱한 면발의 손칼국수와 액

젓 맛이 나는 양념에 잘 무쳐낸 겉절이의 기막힌 조화가 금호시장 터

줏대감답다. 비계는 쫄깃하고 속살 부드러운 고기에 올려 먹는 보쌈

김치는 손님들이 따로 사 갈 만큼 소문났다. 콩국수는 여름 별미다.

여름에는 콩국수다.

고소하고 걸쭉한 콩국에 가는 면이나 굵은 면을 넣어 먹는다.

어릴 적 여수에서는 국수보다 한천을 고아 만든 묵을

채 썰어 국수 대신 콩국과 먹었다.

그리운 맛이다.

이럴 때면 고향의 여름이 그려진다.

방문 날짜 20   .   .   나의 평점 🍚🍚🍚🍚🍚

방문 후기

왕십리
정부네곱창

TEL. 02-2298-0595

식당 주소

서울 성동구 고산자로 287

운영 시간

12:00-23:00
월요일 휴무

주요 메뉴

연탄양념막창
연탄소금막창

37년간 곱창만 구웠다. 생곱창을 삶지 않고 연탄불에 직화로 구워 잡내를 제거하는 게 이 집의 비법. 이렇게 초벌로 익혀 나온 덕에 손님들은 금방 구워 먹을 수 있어 좋다. 쫄깃쫄깃 씹는 맛이 어찌나 훌륭한지 이 집이 괜히 곱창 골목을 주름잡고 있는 게 아니라는 생각이 든다.

음식은 사랑하는 사람의 포옹이다.

방문 날짜 20   .   .   나의 평점 ☺☺☺☺☺

방문 후기

갈비탕집

TEL. 02-2293-2292

식당 주소

서울 성동구 청계천로10가길 10-7

운영 시간

09:00-15:00

일요일 휴무

(재료 소진 시 조기 마감)

주요 메뉴

갈비탕

칼국수

어떻게 서울 한복판에 이런 집이 있나? 가게 밖엔 간판 하나 달려 있지 않고, 내부는 또 가정집 같다. 투박한 김치 반찬에 갈비와 당면, 국물이 전부인 갈비탕이지만, 한 입 떠먹으면 숟가락 얕은 것을 아쉬워하게 되는 맛이다. 유명해질까 걱정하는 단골들 마음을 알겠다.

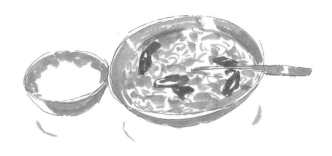

시간이 멈춘 듯 허름한 실내도 밉지 않고 푸근합니다.
사람이나 음식이나 겉보다는 속입니다.

방문 날짜 20   .   .   나의 평점 😊😊😊😊😊

방문 후기

묵동부대찌개

TEL. 02-974-4866

식당 주소

서울 중랑구 중랑역로 247, 1층

운영 시간

10:00-21:00
토요일 휴무

주요 메뉴

부대찌개

35년 부대찌개 외길을 걸어온 집. 식탁 위에는 부대찌개와 무김치 하나가 전부이지만, 오히려 부대찌개에 대한 자신감이 느껴질 뿐이다. 특히 이 집 부대찌개의 묘미는 미나리. 칼칼한 국물 한 입 마시고, 소시지에 미나리 한 줄기 싸 먹으면 아, 자신감의 이유를 알겠다.

국물 많은 의정부식보다
국물이 더 많은 부대찌개.
미나리는 핵심입니다.

방문 날짜 20   .   .   나의 평점 🍚🍚🍚🍚🍚

방문 후기

고향집

TEL. 02-452-0004

식당 주소
서울 광진구 아차산로49길 30

운영 시간
11:30-21:30
휴식시간 15:00-17:30
일요일 휴무

주요 메뉴
물회, 짱뚱어탕
주꾸미구이, 벌교참꼬막

주꾸미구이, 간자미회무침, 짱뚱어탕도 좋지만 벌교참꼬막, 생굴회, 새조개샤브샤브, 가자미무침 등이 있는 계절 메뉴에 눈길이 간다. 고향의 계절 맛을 느끼려면 이만한 곳도 없다.

주꾸미는 달짝지근하고 매콤하고 부드럽다.
뜨거운 불판의 열기를 못 이겨
몸을 둘둘 말고도 단맛을 잃지 않는구나.
"여보시오~ 손님네, 내 부탁 하나 들어주시오~
서해에 가시거든, 이 몸이 광진구에서 사라졌다고
가족들에게 말 좀 전해주시구려~"

방문 날짜 20 .   .   나의 평점 🍚🍚🍚🍚🍚

방문 후기

어울림
(여수집)
TEL. 02-453-1470

식당 주소

서울 광진구 광장로1나길 10

운영 시간

11:00-21:30
휴식시간 15:00-17:00
라스트 오더 20:30, 월요일 휴무

주요 메뉴

새조개해물전, 매생이굴국밥
매생이굴칼국수, 여수장어탕
생굴회

순 여수음식이라는 메뉴판에 걸맞게 매생이, 갑오징어구이, 모둠생
선구이, 새조개해물전 등 제철 해물의 천국이다. 제철 음식이 낯설다
면 주인이 추천해주는 걸 먹으면 후회없다.

여수까지 가지 않아도 여수를 느낄 수 있다.
계절마다 상차림이 다르다.
섬초와 동배추, 파, 다진 새조개를 넣고 지진 넓적한 전은
젓가락 싸움을 하게 만든다.

방문 날짜 20   .   .   나의 평점 😋😋😋😋😋

방문 후기

용문집

TEL. 02-468-9828

식당 주소

서울 광진구 뚝섬로30길 44

운영 시간

16:00-01:00
일요일 휴무

주요 메뉴

제비추리, 치마살
막창, 염통구이
육회

제비추리, 등골, 생고기, 사시미 등 특수부위 소고깃집. 서비스로 제공되는 개운한 소고기뭇국도 입소문을 타서 가격 좋고, 맛 좋고, 분위기까지 좋아 예약은 필수다.

좋은 골목에 있는 듯 없는 듯 자리 잡고 있다.
간판이 요란한가, 내부 장식이 화려한가,
깨끗이 정돈되어 있는 실내와 노부부의 정갈한 상차림은
이 집 고기 맛을 의심치 않게 한다.
잡초밭을 걸어가다 발견한 옥이라.

방문 날짜 20   .   .   **나의 평점** 🍚🍚🍚🍚🍚

방문 후기

토박이

TEL. 02-532-4837

식당 주소
서울 서초구 반포대로39길 38

운영 시간
11:00-21:30

주요 메뉴
신김치꽁치전골
고추장두부찌개
만두전골

신김치와 부드러운 통조림 꽁치가 들어간 전골은 예나 지금이나 변함
없이 맛있다. 푹 익어 **뼈째** 먹는 꽁치 한 토막에 신김치를 올리면 이만
한 밥반찬이 있을까 싶다. 감자와 호박 듬뿍 든 서울식 고추장두부찌
개는 된장 없이 오로지 고추장으로만 끓여 맛이 씩씩하고 훌륭하다.

서울에 서울 음식이 없다면 말이 돼?
그동안 지방 음식에 묻혀 있던 서울 음식의 봉기!!

방문 날짜 20 . .   나의 평점 😋😋😋😋😋

방문 후기

맘코리안 비스트로

TEL. 02-534-0788

식당 주소

서울 서초구 사평대로26길 48

운영 시간

11:30-22:00
휴식시간 15:00-17:00
월요일 휴무

주요 메뉴

콩나물비빔밥, 들깨수제비
두부김치스테이크
(런치 스페셜 메뉴들입니다.)

서래마을과 잘 어울리는 모던한 분위기의 한식당. 13년째 모자가 같이 운영하는데, 전반적으로 음식의 간이 세거나 자극적이지 않아 좋다. 특히 들깨수제비는 들깨를 한가득 넣었는데도 부드럽게 고소하며, 무엇보다 간이 기가 막히다. 사장님의 솜씨가 예사롭지 않다.

어울릴까 싶었던
들깨수제비와 콩나물비빔밥은
눈이 즐거웠다.
봉주르~ 서래~~

방문 날짜 20 . .   나의 평점 🍚🍚🍚🍚🍚

방문 후기

설눈

TEL. 02-6959-9339

식당 주소

서울 서초구 서초대로46길 20-7, 1층

운영 시간

11:00-21:00
휴식시간 15:00-17:00
토요일 휴무

주요 메뉴

고려 물냉면
평양 온반
녹두전

밥에 뜨거운 고깃국을 부은 뒤, 녹두전, 팽이버섯볶음을 올린 평양 온반. 홀홀 말아 먹는 모양새가 남한의 국밥과 비슷하다. 녹두전의 약간 떫은맛은 온반의 맛을 한결 살아나게 하고, 닭 육수로 낸 국물은 고소하면서 달큼하다. 쫄깃한 면발이 물건인 냉면도 훌륭하다.

냉면과 온반.

평양 음식이 눈앞에 있다.

냉면은 우리가 먹던 냉면과 맛이 다르고

온반은 친숙한 음식은 아니지만,

이 또한 시간이 해결할 것이다.

방문 날짜 20   .   .   나의 평점 🍚🍚🍚🍚🍚

방문 후기

한우다이닝 울릉

TEL. 0507-1377-1189

식당 주소

서울 서초구 서운로 135

운영 시간

11:00-21:30

주말 휴무

주요 메뉴

울릉모둠구이

한우즉석양념갈비

누군가 '요즘은 소고기 어떻게 먹어야 해요?' 묻는다면 감히 이 집을 추천하고 싶다. 모던한 인테리어는 물론, 전국 각지에서 품종 좋은 소를 찾아와 3, 4주 숙성하는 것까지 요즘 소고기 먹는 트렌드를 정확히 보여준다. 소스나 곁들임도 고급스러워 한 끼 제대로 대접받은 느낌이다.

울릉도 칡소의 슬픈 라거를
밝은 미래로 바꾸는 곳.
숙성 쇠고기의 맛은 이런 것입니다.

방문 후기

리숨두부

TEL. 02-578-1701

식당 주소

서울 서초구 원터4길 7

운영 시간

10:00-21:00
주말 09:30-21:00
라스트 오더 20:30

주요 메뉴

숨두부
콩탕

'콩의 자존심'을 살리는 집. 하나의 두부에서 서리태와 백태, 두 가지 맛을 느낀다.

청계산 정상이 전부가 아니다.
저 아래에 숨찬 등산객을 기다리는 넘이 있다.
빨리 하산하시라.

방문 후기

개화옥

TEL. 02-549-1459

식당 주소

서울 강남구 압구정로50길 7

운영 시간

10:00-22:00
일요일 휴무

주요 메뉴

불고기, 채소구이
된장국수, 김치말이국수

모던하고 정갈한 한식. 모둠채소구이, 한우를 사용한 차돌박이 채소 무침, 양지육수를 넣어 숙성한 김치말이국수, 된장국수 등 귀한 분에게 대접하고 싶은 분위기와 맛이다.

잘 다듬은 색시 같은 집이다.
간단한 찬으로 품위를 만든다.
조용해서 비밀스러운 얘기를 나누기 딱이다.

돌곰네

TEL. 02-3446-2928

식당 주소

서울 강남구 언주로146길 18, 지하

운영 시간

11:30-22:00
토요일 17:00-22:00
일요일 휴무

주요 메뉴

문어국밥
돌문어톳쌈
문어비빔밥

추운 겨울에는 아삭거리는 숙주나물과 굴이 들어 있는 돌문어국밥이 최고 메뉴. 문어비빔밥도 점심 메뉴로 인기다. 메인 메뉴는 문어톳쌈으로, 문어숙회와 톳을 김에 싸서 먹는다. 고추냉이를 묻혀 생미역에 싸 먹어도 별미다.

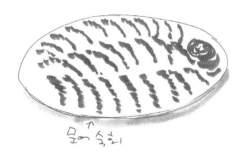

문어 숙회

오래된 아파트의 상가 지하를 완전 정복했다.
주문하면 바로 나오는 보리비빔밥이 주인 노릇을 하겠다고 우긴다.
굴과 숙주나물과 문어껍질로 만든 문어국밥은 밤을 즐겁게 한다.

방문 날짜 20   .   .   나의 평점 🍚🍚🍚🍚🍚

방문 후기

해남집

TEL. 02-3446-7244

식당 주소

서울 강남구 강남대로160길 16

운영 시간

11:30-22:00,
토요일 11:30-21:00
휴식시간 14:30-17:30, 일요일 휴무

주요 메뉴

해남정식, 매생이탕
매생이굴전, 낙지볶음
자연산 벌교참꼬막(계절 메뉴)

강남 한복판에서 맛보는 남도 백반 한 상. 입맛을 사로잡은 묵은지, 홍갓, 된장지짐이 등 3종 김치 세트부터 매생이굴전, 벌교참꼬막, 영광굴비 등 18가지 반찬의 향연이 펼쳐진다.

이 집은 철따라 상차림이 달라진다.
비용이 부담스러우면 해남정식을 주문하자.
18가지 찬에 17,000원.
해남에서 만드는 해남막걸리는
6도, 9도, 12도, 3가지 맛이 있다.
해남의 자존심이다.

방문 날짜 20   .   .   나의 평점 🍚🍚🍚🍚🍚

방문 후기

205

청담25

TEL. 02-3443-2577

식당 주소

서울 강남구 압구정로79길 32

운영 시간

11:00-06:00
일요일 11:00-22:00
라스트 오더 05:00(일요일 21:00)

주요 메뉴

한우등심미역국
옥돔구이

오독오독 씹히는 맛 좋은 울릉도 돌미역을 사골 육수에 넣고 끓인 명
품 미역국.

이미 단골이 된 듯합니다.
맛이 찌르지 않고 푸근합니다.

방문 날짜 20   .   .   나의 평점

방문 후기

뱃고동

TEL. 02-514-8008

서울 강남구 언주로172길 54

11:30-22:00
주말 12:00-22:00
라스트 오더 21:15

오징어불고기백반(점심 한정 판매)
오징어튀김

오징어는 낙지보다 한 수 아래라고 생각했던 편견이 깨졌다. 이 집,
사랑하게 될 것 같다.

부우웅~ 부우웅~
오징어 나가신다 길을 비켜라!

방문 날짜 20   .   .   나의 평점

방문 후기

우정

TEL. 02-515-1808

식당 주소

서울 강남구 도산대로55길 23

운영 시간

11:00-23:00
일요일 11:00-21:00
휴식시간 15:00-17:00

주요 메뉴

접시수육
한우스지된장전골

접시수육은 업진살, 우설, 아롱사태, 볼살 순으로 먹어야 제맛이란다.

스지전골은 소면 추가 필수!

여보시게, 아직도 입맛이 돌아오지 않았다고?

여기 와 보시게.

맛과 영양이 접시 가득이라네.

방문 날짜 20   .   .   나의 평점 🍚 🍚 🍚 🍚 🍚

방문 후기

갯마을

TEL. 02-422-4829

식당 주소

서울 송파구 백제고분로34길 41

운영 시간

11:00-21:30
휴식시간 15:00-17:00
첫째, 셋째 일요일 휴무

주요 메뉴

게장 정식+조기탕, 갈치조림
간재미탕, 갑오징어찜

고흥 출신의 주인이 고향의 방식대로 만든 음식들. 그래서일까, 반찬 하나하나에서 전라도의 향기가 은근히 풍긴다. 달큼한 살이 꽉 찬 간장게장과 부드럽게 매콤한 조기매운탕이 같이 나오는데, 이 조합이 참말로 예사롭지 않다. 앞으로 남도의 맛이 그리울 때마다 찾아가야겠다.

게장 정식과 조기탕 1인분에 13,000원.
반찬은 요란하지 않지만 봄은 밥상 가득합니다.
있는 곳은 서울이지만 마음은 고흥에 가 있습니다.
아~ 남도의 넓은 맛이여~

방문 날짜 20   .   .   나의 평점

방문 후기

일등바우

TEL. 02-448-8312

식당 주소

서울 송파구 송이로20길 20

운영 시간

11:00-22:00
휴식시간 15:30-16:30
일요일 휴무

주요 메뉴

병어조림, 낙지촛국
민어회, 산낙지볶음

식초에다 막걸리 진액을 넣어서 만든 낙지촛국이 참 독특하다. 살짝 데친 낙지는 씹을 것 없이 부드럽고, 막걸리 향기는 은근히 올라오며 입맛을 돋운다. 병어조림은 국물이 제법 많은 편에다 꽤 얼큰한 편. 반찬으로 나오는 황석어조림과 남도식 생굴무침도 놓치면 안 된다.

낙지촛국은 막걸리 식초의 그리운 맛이 있다.
부뚜막의 막걸리 식초병, 뚜껑은 술잔지.
아버지는 항상 막걸리 마지막 잔을 싹 비우지 못하셨다.
막걸리를 남겨서 식초병에 부어 줘야 하니까….

방문 날짜 20 . .   **나의 평점** 😊😊😊😊😊

방문 후기

남한산성식당
마천점
TEL. 02-408-8866

식당 주소
서울 송파구 마천로39길 5

운영 시간
16:00-24:00
일요일 휴무

주요 메뉴
오돌갈비
생삼겹살
갈매기살

하나하나 정성스레 잘 손질된 오돌뼈는 오도독오도독 씹는 재미가 있다. 이 오돌뼈를 연탄불 위에서 이리저리 굴려 가며 굽다 보면, 즉석에서 한 양념이 '착' 배여 그 맛이 더욱 살아난다. 특히 고추냉이와 청양고추가 들어간 간장소스에 찍어서 먹으면, 느끼함은 온데간데없다.

옹골찬 아낙의 오돌갈비 다지는 소리
"쿵쿵쿵쿵"
한 번 더, 두 번 더
"쿵쿵쿵쿵"

방문 날짜 20   .   .   나의 평점 🍚🍚🍚🍚🍚

방문 후기

유원설렁탕

TEL. 02-414-2256

식당 주소

서울 송파구 삼전로 90

운영 시간

09:00-21:00

휴식시간 14:00-17:00, 라스트 오더

20:00 (재료 소진 시 조기 마감)

주요 메뉴

설렁탕

어머니 하던 방식 그대로. 푸짐한 소머리 고기와 깊고 진한 국물 맛
에 머리를 박고 먹게 된다.

주인장의 눈웃음이 머무는 곳.
식객의 발걸음을 잡는 곳.

생생아구

TEL. 02-419-2922

식당 주소

서울 송파구 백제고분로7길 8-37

운영 시간

11:00-22:00
라스트 오더 21:00
전화 예약 추천

주요 메뉴

아귀코스B(회+수육+찜)

주문 즉시 생아귀를 잡는 곳. 아귀를 수없이 먹었지만 이 집은 상당히
감동적이다.

잠실 뻘이 예사롭지 않습니다.
골목 깊은 곳에 숨은 아귀집.
예술입니다~~.

조광201

TEL. 070-8015-1529

식당 주소

서울 송파구 새말로8길 13, 2층

운영 시간

18:00-22:00

일요일, 월요일 휴무

전화 예약 추천 (재료 소진 시 조기 마감)

주요 메뉴

동파육(한정 판매)

직원마라탕

기름에 튀기고, 압력솥에서 찌고…. 하루에 딱 여덟 접시만 파는 동파육이랍니다!

간판도 없는 곳.
중국 본토 음식을 맛볼 수 있는 곳.
마라탕의 매운맛은 저를 병원으로 보내고 말았습니다.

방문 날짜 20   .   .   나의 평점 🍚🍚🍚🍚🍚

방문 후기

인천·경기 밥상

돈타래
게장정식
TEL. 032-421-0335

인천 부평구 열우물로 59

10:40-21:00
휴식시간 15:00-16:00
월요일 휴무

간장게장정식
(간장게장+생선구이+제육볶음+부침개)

속이 꽉 찬 간장게장과 바삭한 부침개, 통통한 가자미구이와 고등어 구이, 그리고 작은 솥에 나오는 제육볶음까지 무엇 하나 빠지지 않은 가성비 최고의 집이다.

꽃게장

꽃게장 포함 백반 한 상이 1인분 15,000원이다.
아무리 계산해도 답이 나오지 않는다.
게장을 담근 지 5일 후에 식탁에 오른다.
밥과 반찬은 추가해도 무료다.
주인의 마음이 곱다.
앞으로 인천의 명소가 될 것이 분명하다.

방문 날짜 20   .   .   나의 평점 🍚🍚🍚🍚🍚

방문 후기

227

송미옥

TEL. 032-772-9951

식당 주소

인천 동구 화도진로5번길 11-3

운영 시간

11:00-21:00
첫째, 셋째 일요일 휴무

주요 메뉴

복중탕, 복회
복지리, 복 튀김
복 매운탕

복어회를 정교하게 썰어낸 주인장 칼 솜씨가 돋보인다. 복어회에 못
지않은 복중탕은 매운탕과 된장찌개 사이의 깊은 맛이 특별하다. 생
복어의 부드러운 속살이 아주 괜찮다. 탱탱한 복어껍질은 덤.

복요리 70년, 3대가 운영 중이다.
이 집 복회는 약간 두께가 있으면서 숙성을 거쳤다.
복국은 시원한 맛에 먹는데 된장이 들어가서 맛이 무겁다.
오래된 이 집의 실내 인테리어는 100년 전
독립운동할 때 항일 투사들이 모였던 분위기가 물씬 난다.

방문 날짜 20   .   나의 평점

방문 후기

토시살 숯불구이

TEL. 032-763-3437

식당 주소

인천 동구 송림로 10-1

운영 시간

11:00-19:30
토요일, 공휴일 11:00-18:00
일요일 휴무

주요 메뉴

소 특수부위(토시살, 치마살, 제비추리 등)
더덕구이
동치미국수

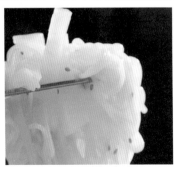

아흔 가까운 주인이 50년째 한자리를 지켜오고 있어 변변한 간판이 없어도 단골이 찾아오는 곳. 날마다 가져오는 소고기 특수부위 구이가 그만이다.

토시살, 제비추리, 치마살, 차돌박이 등을 한꺼번에 떡었다.
맛을 구별하기 어렵다.
기름기가 입에서부터 창자 밑까지 번져 있다.
이때 동치미국수 한 그릇 속이 후련하다.
느끼함이 순식간에 사라진다. 꼭 필요한 후식이다.
이렇게 시원한 국물을 마시는 나라가 또 있을까?
얼른 생각나지 않는다.

방문 날짜 20   .   .   나의 평점 🥟🥟🥟🥟🥟

방문 후기

해장국집

TEL. 032-766-0335

인천 동구 동산로87번길 6

해장국 05:00-10:30
설렁탕 11:00-15:00

해장국
설렁탕

여인숙 골목에 간판도 없는 집. 그러나 이미 알 만한 사람들은 다 아는 곳이다. 메뉴는 해장국과 설렁탕이 전부. 시간 맞춰 가지 않으면 금방 품절이다. 뚝배기 한가득 담긴 여러 부위의 고기와 한우 사골을 우린 깔끔한 국물을 먹다 보면 속이 뜨끈하게 풀린다.

해장하러 왔다가 해장술을 마시면
해장은 물 건너간다.
술을 부르는 해장국은
적군인가, 아군인가.

방문 날짜 20 .   .   나의 평점 ⬤⬤⬤⬤⬤

방문 후기

경인면옥

TEL. 032-762-5770

식당 주소

인천 중구 신포로46번길 38

운영 시간

11:00-21:00
화요일 휴무

주요 메뉴

평양 물냉면
비빔냉면
회비빔냉면

70년 3대에 걸치는 동안 터와 맛을 그대로 지키고 있는 평양냉면 전문집. 3년 이상 된 천일염, 고명과 육수는 1등급 한우만을 취급한다. 겨자나 식초 같은 양념을 넣지 않은 평양냉면 특유의 슴슴한 맛이 일품.

70년 노포다.
그만큼 내공이 길다는 의미다.
서울 평양냉면과는 맛이 다르지만
인천 시민의 냉면 입맛은
경인면옥에서 시작되었다.

등대경양식

TEL. 032-773-3473

식당 주소

인천 중구 제물량로 190

운영 시간

11:40-20:50
수요일 11:40-15:00

주요 메뉴

등대돈가스 세트
스프와 빵
돈조각 단품

마치 오래된 동네 중국집처럼 생긴 집에서 경양식이? 직접 만든 식전 빵과 당근수프를 먹고 있으면 야들야들한 속살 씹는 느낌이 일품인 두툼한 돈가스가 나온다. 튀김가루와 돼지고기의 완벽한 조화다.

70년 된 경양식집이다.
이 집 음식 맛을 평한다는 자체가 위험하다.
인천 사람들의 추억을 할퀴는 짓이다.
어머니의 이유식 같은 거부할 수 없는 맛을 건드리는 것은
앞으로 인천에 발을 들여놓지 않을 작정이라면 가능하다.

방문 날짜   20   .   .   나의 평점 😊😊😊😊😊

방문 후기

연백식당

TEL. 032-883-4709

식당 주소

인천 중구 연안부두로 16

운영 시간

09:00-20:30

주요 메뉴

밴댕이회
밴댕이회무침

세 자매가 같은 골목에서 각자 다른 밴댕이 요리를 선보인다. 둘째의 필살기는 밴댕이회. 빼어난 칼 솜씨로 얇게 포를 뜬 밴댕이회는 비린 맛이 거의 없고 탄력이 있어 씹을수록 구수하다. 첫째네서는 칼칼한 밴댕이조림을, 막내네서는 3년 삭힌 밴댕이젓갈을 맛볼 수 있다.

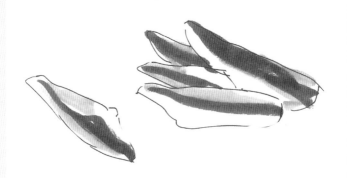

강화도 밴댕이의 아픈 기억을 이곳에서 털어냈다.
6월이면 인천을 올 일이다.
인천은 6월의 밴댕이다.
그동안 우습게 여겼던 밴댕이를 사랑하게 되었다.

평양옥

TEL. 032-882-2972

식당 주소

인천 중구 도원로8번길 68

운영 시간

05:00-21:30

주요 메뉴

해장국
갈비탕

큼직한 마구리뼈, 진한 육향, 기름진 국물이 특징인 인천식 해장국. 한국전쟁 때 미군 부대에서 안 먹는 소뼈를 받아와 기름지게 끓여 허기진 사람들의 배를 채워주던 것이 75년이 되었다. 배고팠던 시절, 서민들의 보양식으로 이만한 음식이 있었을까.

50년대 모두가 부족했던 시절,
고기 듬뿍 넣고 기름 둥둥 떠 있는
이 해장국 먹고 살아온 인천 사람들 좋았겠네.

방문 날짜 20 . .   나의 평점 🍚🍚🍚🍚🍚

방문 후기

대성불고기

TEL. 0507-1437-4001

식당 주소

인천 중구 신포로27번길 29-1

운영 시간

11:30-22:00
첫째, 셋째 월요일 휴무

주요 메뉴

육회, 등심
치맛살, 새우젓찌개

메뉴 고민할 것 없다! 주인장이 알아서 그날그날 맛있는 부위로 내주는 자신감 넘치는 집. 최고 등급의 신선한 고기에 섬세한 칼질이 더해지니, 한 입 먹자마자 '아니, 왜 이렇게 다르지?'라는 말이 절로 나온다. 여기에 짭짤한 새우젓찌개까지 더하면, 입 속이 깔끔하다.

주인의 한 마디, "알아서 드립니다".

자신만만입니다.

이 집 고기구이는 進化中(진화 중)입니다.

방문 날짜 20   .   .   나의 평점 🍚🍚🍚🍚🍚

방문 후기

신포동집

TEL. 032-765-5516

식당 주소

인천 중구 개항로 22

운영 시간

12:00-01:00

전화 예약 필수

주요 메뉴

홍어회
홍어회무침
홍어애탕

국내 홍어 어획량의 절반을 차지할 정도로 홍어가 많이 잡히는 대청도 덕분에 삭히지 않은 생홍어 요리를 먹기에 이만한 곳이 없다. 야들 야들하고 달콤한 홍어회는 숙성한 것만을 고집해왔던 지난날을 반성하게 하는 맛. 묵은지를 넣어 비린 맛을 평정한 홍어애탕도 훌륭하다.

바보 허영만,
홍어는 목포, 나주에서만 먹는 줄 알았습니다.
이제는 인천으로 다니기로 했습니다.

방문 날짜 20   .   .   나의 평점 😋😋😋😋😋

방문 후기

TEL. 032-883-8849

식당 주소

인천 미추홀구 경인로7번길 3-7

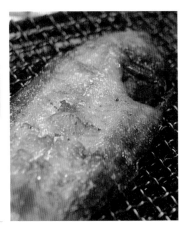

운영 시간

12:00-22:00

주요 메뉴

민어회
우럭구이
갈치구이

커다란 건우럭 한 마리가 통째로 구워져 나온다. 연탄불에 타지 않도록 굽는 게 주인장의 비법. 노릇노릇하게 잘 구워진 우럭은 담백하면서도 단맛이 올라오고, 양념장에 찍어 먹으면 촉촉하게 즐길 수 있다. 남도 백반처럼 한가득 나오는 반찬도 이 집의 히든카드다.

작은 타일을 붙인 테이블 위에
방석만 한 건우럭구이.
나는 그만 빈 술병 세는 걸 잊어버렸다.

방문 날짜 20   .   .   나의 평점 🍚🍚🍚🍚🍚

방문 후기

돌기와집

TEL. 032-934-5482

식당 주소

인천 강화군 송해면 상도숭뢰길
116번길 39-10

운영 시간

12:00-21:00
일요일 휴무

주요 메뉴

붕어찜
추어탕
메기매운탕

14대를 이어온 운치 있는 기와집에서 맛보는 참붕어찜이 맛있다. 인근 저수지에서 잡아 올린 참붕어에 우거지를 얹어 한 시간 이상 푹 쪄내 뼈째 먹어도 부담이 없다.

14대를 내려온 고택의 대표 음식.

시래기를 수북이 얹고 찐 붕어 3마리.

붕어 뼈는 센베이 과자같이 입안에서 부서진다.

'목엣가시 같은 자식'이란 말이 생각나는 건 뭘까.

나는 어머니 목의 가시였을까.

8남매 모두가 가시였을 수 있다.

나는 그 가시 가운데 큰 가시였을까, 작은 가시였을까.

봉천 가정식백반

TEL. 032-933-7745

인천 강화군 하점면 강화대로 1160

전화 후 방문 추천

백반(메뉴는 매일 바뀝니다.)

250

한적한 인삼밭이 자리한 곳에 생뚱맞은 간판이 있다. 땀 흘린 농부들의 입맛을 살려줄 백반집에는 논우렁무침, 인삼꽃장아찌와 같은 향토 음식과 제철 찬이 계절따라 바뀐다.

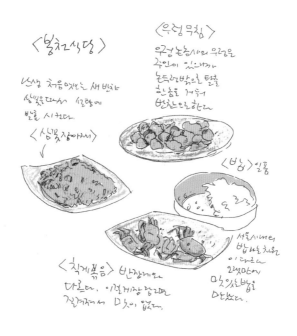

〈봉천식당〉

선생 처음있었는 새 반나는
생배운때서 시골에
밥을 시켰다.

〈삼꽃장아찌〉

〈우렁무침〉

우렁 논농사의 우렁은
주인이 있으니까
논두렁밭으로 털털
한움큼 거두어
반찬으로 한다

〈밥〉일품

서울시내의
밥보노처보
이라대
있었만의
맛있는밥을
먹었다.

〈칡게볶음〉 반찬게와
다르다. 이건게장담고대
길러저서 맛이 없다.

서울 시내의 밥과는 차원이 다르다.

용흥궁식당

TEL. 032-933-8070

식당 주소
인천 강화군 강화읍 동문안길21번길
22

운영 시간
10:30-20:00

주요 메뉴
젓국갈비

강화도 향토 음식인 젓국갈비. 맑은 국물에 돼지갈비를 넣은 모양새가 낯설었지만 새우젓으로 낸 개운한 국물 맛에 숟가락을 끊임없이 탕 속에 넣게 된다. 기름기가 적어 담백한 고기와 푹 익은 배추, 청경채를 먹다 보면 섬 바람에 얼었던 몸이 어느새 녹는다.

젓국갈비와 첫 만남입니다.
새우젓의 짭짤한 맛이 맹활약했습니다.
그리울 겁니다.

방문 날짜 20   .   .   나의 평점 🍚🍚🍚🍚🍚

방문 후기

강화꽃게집

TEL. 032-933-2010

식당 주소

인천 강화군 내가면 중앙로 1222

운영 시간

10:00-20:00
화요일 휴무
전화 후 방문 추천

주요 메뉴

꽃게탕
간장게장

영롱한 주황빛의 알이 시선을 사로잡는 간장게장. 게딱지 위에 실한 꽃게 살을 전부 꺼내 뜨뜻한 밥과 달큰한 간장 한 숟갈을 넣고 슥슥 비벼 먹으면, 밥 한 공기가 모자라다. 특히 여기 간장은 집에 포장해 가고 싶을 정도. 꽃게야, 어찌 이리 맛있게 태어나 고생이냐.

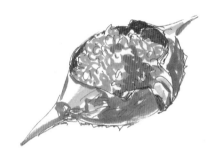

여보시게,
꽃게는 그렇게 먹는 밥이 아닐세.
양손으로 잡고 툭툭 뜯어서 꼭꼭 씹고 쪽쪽 빨아야
제맛일세.

방문 날짜 20   .   .   나의 평점 🍚🍚🍚🍚🍚

방문 후기

수남호

TEL. 032-937-3728

식당 주소

인천 강화군 길상면 해안동로 96-18

운영 시간

전화 후 방문 추천

주요 메뉴

농어, 감성돔
전복치, 줄돔

남편과 아들이 농어를 잡아오면 아내가 요리한다. 어부들이 먹던 방식 그대로 내온 막회는 투박하고 두껍게 썰어 씹는 맛이 그만이다. 소금만 뿌린 농어구이도 고소하니 맛있고, 진하다 못해 걸쭉한 농어탕은 그야말로 엄지 척. 서해안 낙조를 바라보며 먹는 농어 맛을 누가 이기랴.

여름 농어는 길고 더운 날들을 견디게 합니다.
올 여름 잘 보냈습니다.

남보원불고기

TEL. 031-245-9395

식당 주소

경기 수원시 장안구 정조로922번길 20

운영 시간

10:00-22:00
명절 휴무

주요 메뉴

불고기
특수부위(치마살/토시살 등)
육회

수원 하면 소불고기, 그중에서 가장 환상적인 고기 맛을 경험할 수 있는 곳. 이 집은 당일 들어온 소 토시살, 제비추리, 치마살 중에서 가장 상태가 좋은 부위로 주문과 동시에 양념해서 나온다. 날마다 먹기엔 가격이 다소 세다.

"여기 고기 주세요~" 하면
주는 대로 먹는 집이다.
손님은 주인을 믿는다.
지금껏 장사가 잘되면 가게를 늘리는 집이
100%였는데 이 집은 되레 줄였다.
손님에게 한우를 공급하기 어려워서란다.
가격은 세다.
만족감은 더 세다.

방문 날짜 20   .   .   나의 평점 🍚🍚🍚🍚🍚

방문 후기

한봉석할머니 순두부

TEL. 031-241-6676

식당 주소
경기 수원시 팔달구 행궁로 71

운영 시간
11:00-21:00
수요일 휴무

주요 메뉴
순두부정식
순두부찌개정식
통두부구이

9,000원에 이게 말이 되는 밥상인가. 기본 반찬 10개에 나물 여섯 종,

찌개 두 개라니! 게다가 다 손 많이 가는 반찬이라 먹기에 미안할 정도

다. 매일 새벽 직접 만든 순두부는 독야청정이라는 말이 생각나는 맛.

겉은 바삭하고 속은 촉촉하기 그지없는 통두부구이는 감동적이다.

순두부 NO. 1

된장찌개 NO. 1

통두부구이 특 NO. 1

방문 날짜 20   .   .   나의 평점 🍚🍚🍚🍚🍚

방문 후기

팔미옥

TEL. 031-245-6325

경기 수원시 팔달구 효원로 3-1, 2층

11:30-22:30
월요일 휴무
전화 예약 필수

한우특수부위모둠 한 마리
한우특수부위모둠 한 접시

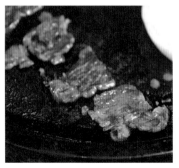

15년 된 불판이 식당의 세월을 보여준다. 그날그날 들어온 소고기 중 가장 맛있는 부위로 골라 주인장이 내오는 '모둠 한 접시'. 얇게 썰어 돌판에 지글지글 익혀가며 먹는 소고기는 기름기보다는 촉촉함이 더 느껴진다. 산뜻한 쪽파무침과 함께라면 몇 인분도 거뜬하다.

고기 여행은 이 집으로 끝낼까 합니다.

방문 날짜 20   .   .   나의 평점 🍚🍚🍚🍚🍚

방문 후기

임진대가집

TEL. 031-953-5174

식당 주소
경기 파주시 문산읍 임진나루길 80

운영 시간
10:00-22:00

주요 메뉴
참게매운탕
쏘가리매운탕

참게의 고소함과 채소의 달콤함이 제대로 녹아 있는 참게매운탕. 참게 살도 달콤하며 맛있지만, 특히 알은 어쩌면 이렇게 고소하면서 쫄깃쫄깃할 수가 있는지 의문일 정도다. 직접 농사지은 재료로 만든 반찬도, 바삭바삭한 감자전도 아주 훌륭하다.

황복은 봄,
민물장어는 여름,
쏘가리는 가을,
참게는 겨울이 제맛이다.
인생도, 음식도 타이밍이 중요하다.

은하장

TEL. 031-952-4121

식당 주소

경기 파주시 문산읍 문향로 78

운영 시간

11:00-19:00
월요일 휴무

주요 메뉴

짜장면, 유니짜장
짬뽕, 고기튀김

유니짜장은 '육니짜장', 고기 육(肉), 진흙 니(泥) 자로 이뤄진 단어에서 나온 말로, 고기와 채소를 진흙처럼 잘게 다져 만드는 짜장이다. 부드러운 춘장 소스와 직접 뽑은 면, 청양고추의 매콤함이 완벽한 조화를 이루는 이 집의 유니짜장은 과연 소문이 날 만한 맛이다.

한국의 뉴욕이라는 문산에
시간이 멈춘 듯한 중국집이 있다.
무지 매운 짬뽕에 도전하고 싶다면
바로 이 집이다.

방문 날짜 20   .   나의 평점 😊 😊 😊 😊 😊

방문 후기

267

심학산
두부마을
TEL. 031-941-7760

식당 주소
경기 파주시 교하로681번길 16

운영 시간
09:30-20:00
월요일 휴무

주요 메뉴
통통장 정식
감자전
해물두부전골

청국장의 충청도 사투리인 '퉁퉁장'. 파주 특산물인 장단콩을 사용해 고소하기가 그지없으며, 우렁이, 고추, 양파 등 온갖 재료가 듬뿍 들어가 있다. 이 퉁퉁장 한 국자를 크게 떠서 여러 나물을 넣고 비빔밥을 해 먹으면 파주를 이 한 그릇 안에 다 넣은 것만 같다.

산밑 등산로 입구에는
두부집이 많습니다만,
이 집은 주인 부부의 품성이
두부 맛을 한층 올려줍니다.

방문 날짜 20   .   .   나의 평점 🍚🍚🍚🍚🍚

방문 후기

쉼골전통된장

TEL. 070-8875-1929

경기 파주시 탄현면 헤이리마을길
59-134, 1층

11:00-16:00
주말, 공휴일 11:00-20:00
화요일 휴무

된장정식, 강된장정식
들깨된장전골, 간장수육

모던한 가게 분위기와 예쁘고 정갈한 반찬까지, 내가 온 집이 된장 전문점이 맞나 싶을 정도다. 들깨된장전골은 국물이 진하고 걸쭉하며 직접 담근 된장의 구수한 맛이 입안을 가득 채운다. 간장수육도 촉촉하면서 짜지 않고, 같이 나온 장아찌에 싸 먹으니 훌륭한 맛이다.

모던한 헤이리마을에
뜬금없는 된장집.
먹고 나니 이 동네 주릇들이었네.

방문 날짜 20   .   .   나의 평점 ☺ ☺ ☺ ☺ ☺

방문 후기

장수대

TEL. 031-957-8818

식당 주소

경기 파주시 지목로 17-27

운영 시간

08:00-16:00
토요일 08:00-15:00
일요일 휴무

주요 메뉴

황태해장국
황태막국수
메밀고기전

황태 한 마리가, 그것도 잘게 뜯어져 있는 것이 아닌 큼직하게 덩어리째 들어 있어 그 구수하고 쫀득한 맛이 일품이다. 국물도 마치 곰국을 먹는 듯이 깔끔하고 시원해 그릇째 들고 마시면, 없던 숙취까지 해장되는 기분이다. 이 동네 사람들은 술을 끊을 수가 없겠다.

끓어 넣은 황태는
콩기름 먹은 스펀지.
찢어 먹던 황태의 놀라운 변신.

방문 날짜 20   .   .   나의 평점 🍚🍚🍚🍚🍚

방문 후기

국물없는우동

TEL. 031-944-7404

식당 주소

경기 파주시 탄현면 새오리로 88

운영 시간

11:00-20:00
휴식시간 15:00-17:10
월요일 휴무

주요 메뉴

오뎅붓카케우동, 새우붓카케우동
떡붓카케우동, 계란밥

면발로 이 동네를 평정했다는, 이미 맛있기로 주변에 소문이 자자한 집이다. 이곳의 붓카케우동은 면을 족타로 반죽해 그 쫄깃함이 타의 추종을 불허한다. 간장소스도 짜거나 달지 않아 면과 조합이 일품. 인기 메뉴인 계란밥도 튀김 가루가 아작아작 씹히는 것이 고소하다.

끝 보기 싫으면
"너 국물도 없어!"라고 합니다.
이 집 우동은
보이지 않는 국물이 가득합니다.

방문 날짜 20   .   .   나의 평점 ⬤⬤⬤⬤⬤

방문 후기

메주꽃

TEL. 031-944-0277

식당 주소

경기 파주시 탄현면 새오리로339번길
16

운영 시간

11:00-15:00(주말 19:00)
휴식시간(주말) 15:00-16:30
월요일 휴무 (재료 소진 시 조기 마감)

주요 메뉴

메주꽃소반

표고버섯탕수, 백목이버섯냉채, 수육, 장단콩 된장찌개…. 정갈하고
잔잔하며 은은하다.

장맛비 주룩주룩 메주꽃 찾아다녔네.
진달래꽃, 장미꽃, 제비꽃, 분꽃….
메주꽃 찾기를 단념할 즈음
메주에 피는 곰팡이가 그 꽃이라는 걸 알았네.

방문 날짜 20   .   .   나의 평점 🍚🍚🍚🍚🍚

방문 후기

이북식손만두국밥
본점

TEL. 031-943-6065

식당 주소

경기 파주시 순못길 114-7

운영 시간
09:30-16:00
(재료 소진 시 조기 마감)

주요 메뉴

손만두국밥

이북 방식 그대로 꾸미(국이나 찌개에 넣는 고기붙이)를 얹어서 고명처럼 먹는다.

주먹만 한 만두와 밥을 넣어 끓이고 짓이겨서 먹는 국밥.
허기라 향수를 한꺼번에 달래고도 남는다.

방문 날짜 20   .   .   나의 평점 😊😊😊😊😊

방문 후기

오두산막국수
통일동산점

TEL. 031-941-5237

식당 주소

경기 파주시 탄현면 성동로 17

운영 시간

11:00-21:00
라스트 오더 20:30
매주 화요일 휴무

주요 메뉴

물메밀국수
녹두전+어리굴젓

식객의 단골 식당. 구수한 녹두전에 칼칼한 어리굴젓 하나 얹어 먹고,
시원한 물막국수 육수 한 모금 들이키면 끝!

녹두전과 어리굴젓의 조합은 예술이다.
막걸리에 막국수, 배가 차오르는 것이 아쉽다.

방문 날짜 20   .   .   나의 평점 🍚🍚🍚🍚🍚

방문 후기

부일기사식당

TEL. 031-826-4108

식당 주소
경기 양주시 장흥면 호국로 557-2

운영 시간
06:00-19:50
명절 당일 휴무

주요 메뉴
부대찌개
김치찌개
제육볶음

2대째 운영하는 기사 식당. 멀겋게 나온 부대찌개가 한소끔 끓으면,
주인장이 손님 입맛에 따라 즉석에서 양념을 해주는 점이 특이하다.
'민찌'라고 불리는 간 소고기와 각종 소시지를 골라 먹는 재미도 좋
고, 여기서 나온 육즙이 걸쭉하게 녹아든 국물도 제맛이다.

다섯 가지 소시지가 짭조름한 맛을 낸다.
육수 만드는 방법은 딱 잘라 비밀이라 하니
대화의 벽이 생겼다가
주인의 미소에 숟가락 들고 냄비의 맛에 빠져든다.

방문 날짜 20 . .   나의 평점 😊 😊 😊 😊 😊

방문 후기

평양면옥

TEL. 031-826-4231

경기 양주시 장흥면 호국로 615

10:30-20:30
명절 휴무

꿩냉면, 비빔냉면
닭무침, 녹두지짐

이렇게 메밀 향이 근사한 냉면은 처음이다. 육수에서는 진한 소고기 향이, 면발에서는 섬세한 메밀 향이 냉면의 맛을 완성한다. 뼈째 갈아 만든 꿩완자도 어디 가서 보기 힘든 이 집만의 별미. 토종닭으로 만든 닭무침도 새콤달콤하니 괜찮다. 과연 40년 내공이다.

진한 육수와 메밀 70%의 면에서 나는 맛과 향은
메밀밭이 보이게 만든다.
평양냉면이 아직 낯설다는 식객은
이 집 냉면이면 어김없이 친해질 것이다.

방문 날짜 20   .   .   나의 평점 🍚🍚🍚🍚🍚

방문 후기

유명식당

TEL. 031-871-4010

경기 양주시 광적면 부흥로 31

08:00-20:00
월요일 휴무

자연산 버섯볶음
자연산 버섯된장찌개
옻오리탕

먹버섯, 싸리버섯, 땅느타리버섯, 밤버섯 등 생소한 자연산 버섯을 먹을 수 있는 곳. 버섯볶음은 밥에 비벼서 먹어야 버섯 각각의 맛을 제대로 즐길 수 있다. 여기에 주인장 자랑인 동치미 한 모금 곁들이면 최고의 맛. 반찬도 엄나무 순, 땅두릅, 고추찜 등 참 맛깔스럽다.

봄나물, 버섯 한 상 가득한데
이 집 총대장은 동치미이다.
이 동치미만 먹을 수 있다면
계속 겨울이어도 참을 만하다.

방문 날짜 20   .   .   나의 평점 🍚🍚🍚🍚🍚

방문 후기

데니스스모크 하우스 본점

TEL. 031-829-0290

식당 주소

경기 양주시 장흥면 북한산로 1014-4

운영 시간

11:00-22:00
휴식시간 15:30-17:00
월요일 휴무

주요 메뉴

2인 플레터

삼겹살, 목살, 브리스킷, 풀드포크를 치미추리소스에 찍어 먹고, 햄버거로 만들어 먹고!

이봐요, 당신 어디서 왔어?

이 동네는 허리에 권총 차고 다니면 안 됩니다.

총은 여기 맡기고 나갈 때 찾아가시오.

응? 내가 누구냐고? 여기 보안관이오.

O.K 목장의 결투 주인공 와이어트 어프요.

아, 예. 그렇게 하겠습니다만

이 집 훈제 고기는 먹어도 되겠지요?

방문 날짜 20 .   .   나의 평점 😊 😊 😊 😊 😊

방문 후기

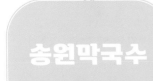

송원막국수

TEL. 031-582-1408

식당 주소

경기 가평군 가평읍 가화로 76-1

운영 시간

11:30-19:00
라스트 오더 18:00
화요일 휴무

주요 메뉴

막국수
제육

메밀의 떨떠름한 맛과 향이 잘 느껴지는 이 집 막국수의 비결은 바로 반죽. 주문 즉시 시작한 반죽으로 만든 면에 숙성된 간장 양념을 올리니 메밀의 향이 양념에 파묻히지 않고 잘 살아 있다. 절반쯤 먹었을 때 육수를 부어 물막국수로 해 먹으면 또 다른 맛을 느낄 수 있다.

손님 주문 후 면 반죽을 시작해서
10분 뒤 나온 막국수.
줄 서서 기다린 보람을 찾았네.

방문 날짜 20   .   .   나의 평점 🍚🍚🍚🍚🍚

방문 후기

장모님댁

TEL. 031-584-7535

식당 주소
경기 가평군 설악면 자잠로 8

운영 시간
08:30-18:00

주요 메뉴
순댓국
두부전골

막장을 넣고 끓여 짙은 색의 국물이 구수하면서도 시원한 것이 이 집 순댓국의 특색이다. 무엇보다 당면과 선지, 열무 시래기가 들어간 순대는 그 고소함에 감탄이 나올 정도. 반찬은 깍두기와 배추김치가 전부지만 무엇이 더 필요할까. 호주머니에 넣어 간직해 두고 싶은 곳이다.

뻣뻣한 주인 할머니의 막장으로 만든 순댓국은
유행타지 않은 시골의 풋풋한 맛까지 담았다.
먼 여행길의 나그네가 외롭지 않다.

명지쉼터가든

TEL. 031-582-9462

식당 주소

경기 가평군 북면 가화로 777

운영 시간

10:00-17:00
라스트 오더 16:00

주요 메뉴

잣국수
잣곰탕
잣죽

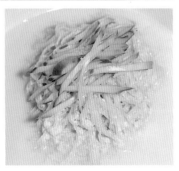

가평 명물인 잣의 맛을 제대로 경험할 수 있는 곳. 27년 경력의 사장님이 끓인 잣곰탕의 뽀얀 국물을 한 입 먹으면 잣 향으로 입안이 가득 찬다. 사라지는 게 아쉬워 빨리 먹기 싫을 정도, 듬뿍 든 고기도 두툼하고 누린내 하나 없다. 쫄깃한 면발의 잣국수도 명불허전.

잣국수
잣곰탕
가평의 신천지 발견!

방문 날짜 20   .   .   나의 평점 🍚🍚🍚🍚🍚

방문 후기

쒜누

TEL. 031-584-5865

식당 주소

경기 가평군 청평면 잠곡로91번길
29

운영 시간

11:00-21:00(일요일 20:00)
휴식시간 15:00-17:00
월요일, 화요일 휴무

주요 메뉴

라클레트와 스테이크
뿔레빠네
코코뱅

식당 뒤편 비닐하우스에서 채소를 직접 재배해서 쓴단다. 그야말로
프랑스 백반집이다.

향을 중시하는 프랑스식 아침 식사입니다.
코로나 때문에 막혔던 해외 여행,
여기에서 해결했습니다.

방문 날짜 20 . .   나의 평점 🍚🍚🍚🍚🍚

방문 후기

지중해

TEL. 031-582-4689

경기 가평군 가평읍 석봉로 214

운영 시간

12:00-22:00
토요일 11:30-21:00
일요일 휴무

주요 메뉴

갈낙탕

매일 삶는 갈비와 수산 시장에서 가져온 싱싱한 낙지, 직접 농사지은 고춧가루까지.

지중해의 랍스터, 가평의 갈낙탕.
꿀릴 이유 하나도 없습니다.

방문 날짜 20   .   .   나의 평점 😋😋😋😋😋

방문 후기

황보네주막

TEL. 010-3192-2545

식당 주소

경기 가평군 설악면 다락재로 8

운영 시간

09:00-22:00

주요 메뉴

두부김치
멸치국수
감자전

꽉 누르지 않아 식감이 보드라운 두부. 직접 농사지은 콩으로 만들어서일까? 두부가 달콤하다.

15년 전 자전거 해안선 일주할 때
왔던 집이 이 집인가 아닌가···.
아! 두부김치 맛을 보니 여기였구나!

방문 날짜 20 . .   나의 평점 😊😊😊😊😊

방문 후기

순흥식당

TEL. 031-773-9036

식당 주소

경기 양평군 청운면 용두로139번길
14

운영 시간

11:30-19:30
휴식시간 13:30-15:00
전화 예약 필수

주요 메뉴

백반
돼지부속

계절마다 각종 나물을 정성스럽게 무쳐 주시던 어머니가 절로 생각나는 곳. 동네 이웃들이 가져다주는 나물의 종류에 따라 그날그날 반찬의 종류가 달라지는 것도 특징이다. 단돈 6,000원에 구수한 냉이된장찌개까지 나오니, 그냥 이 동네에서 살고 싶어진다.

냉이, 취, 방풍, 비름, 미나리, 세삼, 열무….
봄의 향기가 밥상에 꽉 찼구나.
스트라빈스키의 〈봄의 제전〉이 들려 오누나.
세상은 어지러워도
여지없이 찾아오는 봄은 왜 그다지도 고마운지….

초가

TEL. 031-772-4849

경기 양평군 강하면 왕창로 34

운영 시간
10:00-22:00
월요일 휴무

주요 메뉴
논 참게탕
논 참게장
매운탕

직접 담근 된장과 고추장으로 맛을 낸 참게탕. 시원한 국물과 달큼한 참게 살, 잘 말린 시래기의 삼박자가 완벽하다. 젓가락으로 발라 먹기 힘들다는 핑계도 잠시, 먹다 보면 어느새 양손에 참게를 들고 있다. 같이 나온 백김치도 무려 사골 국물로 담가 그 시원함이 으뜸이다.

논 참게탕, 논 참게장.

참게는 많이 봤지만 이렇게 크고 실한 놈은 처음이다.

이놈과 100년 된 가옥은 잘 어울린다.

게탕도 좋았지만 게장은 왜 그렇게 단맛이 많은지….

분명 물을 들이켤 것이 예상됐지만

놈은 한 마리를 입에 넣고 말았다.

방문 후기

회령손만두국

TEL. 031-775-2955

식당 주소

경기 양평군 용문면 용문로 827

운영 시간

08:00-20:00
수요일 휴무

주요 메뉴

회령손만둣국
회령쟁반만두

함경북도 회령 출신의 시어머니 손맛을 그대로 이은 며느리가 운영하는 40년 된 만둣집. 얇은 피에 담백한 속이 가득 찬 만두를 살얼음 동동 떠 있는 물김치와 함께 먹으면 환상의 조합이다. 한우 양지를 끓인 육수에 별다른 고명 없이 나오는 만둣국도 일품이다.

만두와 물김치의 찰떡궁합.
"북에서 내려온 맛, 남에서 꽃피웠네!"

방문 날짜 20   .   .   나의 평점 🥟🥟🥟🥟🥟

방문 후기

금성식당

TEL. 031-338-3366

식당 주소

경기 용인시 처인구 양지면 남평로 16

운영 시간

09:00-21:00

주요 메뉴

청국장
하얀 순두부
황태구이

삼 일 띄운 청국장으로 만든 찌개와 토속적이고 건강한 반찬들. 청국
장은 매콤하면서 코를 팍팍 쏘며, 콩이 구수하게 씹힌다. 듬뿍 떠서
입에 넣으면 제대로 된 청국장을 먹고 있다는 생각이 절로 든다. 수제
양념장 올려 먹는 하얀 순두부도 놓칠 수 없는 메뉴다.

머언 기억이 꾸물거린다.
퀴퀴한 청국장 냄새가 온 집안을 정복했을 때
어머니의 한 마디.
"구석에 이불 덮어 놓은 것 들썩이지 마라.
맛있는 냄새 나간다."
그 맛있는 청국장을 용인에서 만났다.

방문 날짜 20   .   .   나의 평점 🍚🍚🍚🍚🍚

방문 후기

교동면옥

TEL. 031-548-4633

식당 주소

경기 용인시 기흥구 마북로 135

운영 시간

11:00-21:00 (재료 소진 시 조기 마감)
휴식시간 15:00-17:00
월요일 휴무

주요 메뉴

평양냉면, 비빔냉면
한우국밥, 통북어해장국

310

30년 경력의 특급 호텔 출신의 세프가 운영하는 식당. 한우 사태로 만
든 육수와 메밀 향 솔솔 나는 면발로 만든 평양냉면이 제대로다. 한우
국밥은 고기의 육질이 살아 있으며, 정갈하게 내온 반찬에서는 정성
이 가득하다. 앞으로 다닐 식당이 하나 더 생겼다.

아파트촌에 작은 밥집.
동네 아낙의 사랑 독차지하겠네.
저쪽 구석에 앉은 영만이에게도 한 그릇 주소.

방문 후기

양지
석쇠불고기
TEL. 031-339-0285

경기 용인시 처인구 양지면 양지로 116

운영 시간

11:00-20:30
일요일 11:00-19:30
월요일 휴무

주요 메뉴

석쇠돼지불고기
석쇠매운오징어
석쇠고추장불고기

숯불 위에서 석쇠로 계속 뒤집어 가며 구운 돼지고기. 불 맛이 제대로 나는 데다 같이 구운 대파는 풍미를 더해 준다. 매운 오징어구이는 고춧가루로만 양념해 깔끔하고, 밥에 비벼 먹으면 한 그릇이 금방이다. 태우지 않고 속까지 골고루 잘 익혀 내는 기술이 돋보이는 집이다.

오징어구이의 매운맛이 입술을 끌잡는다.
며칠 안에 또 한 번 입술을 끌잡히고 싶다.
비가 올 때…
사는 것이 힘들 때…
연락 없이 떠난 애인 때문에 화가 났을 때…
이 집으로 달려올 일이다.

방문 날짜 20 . . .   나의 평점 🍚🍚🍚🍚🍚

방문 후기

처인성
토속음식
TEL. 031-321-3813

경기 용인시 처인구 남사읍 처인성로
827번길 116-3

11:00-22:00
월요일 휴무

묵은지생갈비전골
버섯두부전골

한적한 시골 외딴곳에 자리 잡은 식당. 묵은지생갈비전골이 메인 메뉴다. 국물은 김치 맛이 세지 않으면서 시원하며, 고기는 부드럽고 갈빗대 뜯는 재미가 있다. 특히 주인이 직접 농사지은 쌀로 한 밥맛이 일품. 가게 주변에서 딴 채소로 만든 반찬도 감탄이 나온다.

열은 초록색 꽉 차버린 용인 처인구 들판.
망초대나물과 묵은지생갈비전골에
봄볕이 더욱 눈부시구나.

방문 날짜 20   .   .   나의 평점 ⊕ ⊕ ⊕ ⊕ ⊕

방문 후기

고기리막국수

TEL. 031-263-1107

식당 주소

경기 용인시 수지구 이종무로 157

운영 시간

11:00-21:00
라스트 오더 20:20
화요일 휴무

주요 메뉴

들기름막국수
수육

손님의 발길이 끊이지 않는 집. 메밀 함량 100%의 면발을 간장과 들기름으로 비빈 뒤, 간 깨와 김 가루를 뿌린 들기름막국수가 대표 메뉴다. 절반쯤 먹다가 육수를 부어서 먹으면 들기름 향이 입안 한가득 퍼진다. 유일한 반찬인 배추 물김치와의 조합도 끝내준다.

선비의 단아한 모습, 품위까지 넘쳐
젓가락이 면에 다가가지 못할 정도다.
이 집 문을 나서니 봄꽃은 안 보이고 메밀꽃만 보인다.
아아, 벌써 한여름….

방문 날짜 20 . .   나의 평점 🍚🍚🍚🍚🍚

방문 후기

다원맛집

TEL. 031-323-1246

식당 주소

경기 용인시 처인구 남사읍 경기동로 67

운영 시간

10:00-20:30
휴식시간 15:00-16:00
월요일 휴무 (재료 소진 시 조기 마감)

주요 메뉴

만두전골
대구뽈조림

건새우로 육수를 낸 시원한 국물과 0.7mm 얇은 피 자랑하는 만두.

맛있는 것을 넘어서 멋있는 전골이다.

밥상에서 칠게장을 봤을 때 이미 승부는 끝났습니다.

만두… 최고입니다.

방문 날짜 20 . .	나의 평점 😋😋😋😋😋

방문 후기

강민주의돌밥

TEL. 031-637-6040

식당 주소
경기 이천시 마장면 지산로22번길 17

운영 시간
11:00-20:00

주요 메뉴
돌솥밥
보리굴비
간장게장

밥상의 주인인 밥이 제맛인 집. 최적의 환경에서 자란 이천 쌀로 지은 밥은 향기가 구수하니 아주 일품이다. 여기에 깔끔하고 짜지 않은 보리굴비 한 점 얹어 먹으면 고개가 절로 끄덕여진다. 제주도 연안 모래 해변에 사는 금게로 담근 간장게장도 부드럽게 씹히는 맛이 참 별미다.

이천 농부들은 들밥 자시느라 해 넘어가는 줄 몰랐겠다.
임금님 진상용 쌀은 언제 생산하실 작정인가 ㅎㅎ.

방문 날짜 20   .   .   나의 평점 🍚🍚🍚🍚🍚

방문 후기

돌댕이석촌골
농가맛집

TEL. 031-632-9540

경기 이천시 호법면 송갈로 102-8

11:00-20:00
휴식시간 15:00-16:00
화요일 휴무

볏섬만두전골
촌밥
청국장

볏섬만두는 정월 대보름날 아침에 풍년을 기원하며 쌀가마니 모양으로 빚어 먹는 만두였다고 한다. 그 속은 게걸무(이천 지역의 토종 무) 시래기와 각종 나물이 들어가 특유의 단단한 식감이 매력적이다. 이천에서만 먹을 수 있는 만두라 여운이 오래갈 것 같다.

다른 만두와 모양과 맛이 다르다.
오색 만두피로 만든 만두의 내용물은
게걸무의 이파리.
질긴 줄기가 씹히지만
볏섬만두는 오래 기억할 듯하다.

방문 날짜 20   .   .   나의 평점 😋😋😋😋😋

방문 후기

관인약수터
막국수

TEL. 031-531-7766

식당 주소

경기 포천시 관인면 창동로 1681

운영 시간

11:00-20:00
전화 후 방문 추천
(재료 소진 시 조기 마감)

주요 메뉴

메밀막국수
명태식해막국수
사골메밀칼만두국

암반 150m 아래 약수로 육수를 낸 막국수. 담백하면서도 시원한 국물 한 사발에 여름 더위는 벌써 어디로 갔나 모르겠다. 매일 아침 직접 제분해서 만드는 면은 메밀 껍질이 들어가 거칠면서도 고소한 맛. 한 달 숙성한 명태회를 넣은 빨간 막국수도 별미다.

잔기술 쓰지 않고
도시 음식에 전혀 뒤떨어지지 않는 맛!
막국수의 거친 듯하면서도 향기를 폭 머금은 맛!

방문 날짜 20   .   .   나의 평점

방문 후기

사리원

TEL. 031-531-2100

식당 주소

경기 포천시 창수면 포천로 2518

운영 시간

06:30-21:00

주요 메뉴

생고기
시래기시골밥상

20년 된 무쇠팬에 생등심을 구워 먹는 곳. 열전도율이 높은 무쇠를 센 불에 올려 육즙을 가둔 덕일까, 한우 본연의 맛이 제대로 느껴진다. 고기를 다 먹은 뒤, 기름기 좔좔 흐르는 무쇠팬에 직접 빚은 된장으로 만든 시래기된장국을 끓여 먹는 게 이 집의 하이라이트다.

이 집 음식은
뒷마당의 많은 장독에서 시작됩니다.
'장맛이 좋아야 집안이 바로 선다'라는
옛말의 표본입니다.

방문 날짜 20   .   .   나의 평점 🍚🍚🍚🍚🍚

방문 후기

수인씨의마당

TEL. 031-573-0980

식당 주소

경기 남양주시 덕릉로 1115-49

운영 시간

11:30-21:00

주요 메뉴

시래기정식
황칠백숙

주부들 사이에서 벌써 입소문이 자자한 식당. 직접 농사지어 만드는 반찬과 달지 않아 좋은 황태구이가 식당의 실력을 짐작게 한다. 이어서 나온 시래기밥, 시래깃국, 된장시래기무침, 시래기전까지⋯. 질기지 않고 부드러운 시래기 요리에 '아유, 맛있다' 소리를 자꾸 내게 된다.

'옆집 시장갈 때 시래기 들고 따라나선다'라는 말이 있듯,
시래기 먹지 않고 큰 한국인은 없습니다.

방문 날짜 20 · ·   나의 평점 🍚🍚🍚🍚🍚

방문 후기

개정집

TEL. 031-576-6497

식당 주소

경기 남양주시 와부읍 경강로 876

운영 시간

10:00-20:30
휴식시간 15:30-17:00
(주말 휴식시간 없음)

주요 메뉴

오이소박이냉국수
찐만두

개성 출신 할머니의 비법을 물려받아 음식을 만드는 곳. 얼음이 빙수처럼 한가득 쌓여 나오는 오이소박이국수는 자연스러운 단맛과 오이소박이의 풋풋한 맛이 밀가루 국수와 기가 막히게 어우러진다. 두부와 큼지막하게 썬 채소가 들어간 개성만두도 놓치지 말아야 하는 맛이다.

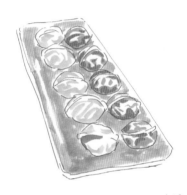

유태인은 고기 잡는 법을 가르쳤죠.
이 댁 할머니의 가르침은 입맛 내림이었습니다.

방문 날짜 20   .   .   나의 평점 😊😊😊😊😊

방문 후기

대문집

TEL. 031-577-1979

식당 주소

경기 남양주시 고산로 249-12

운영 시간

11:00-21:00

주요 메뉴

한우고기말이
강된장볶음밥

미나리, 쪽파, 팽이버섯을 홍두깨살로 감싼 고기말이. 하지만 아무리 맛있어도 강된장볶음밥을 놓쳐서는 안 됩니다.

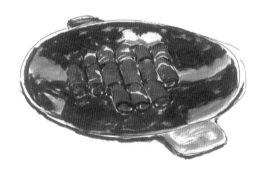

연인끼리 마주한 밥상.
이쁘게 먹을 수 있는 고기말이 한 점.

방문 날짜 20   .   .   나의 평점

방문 후기

동갈전

TEL. 031-554-2969

식당 주소

경기 구리시 아차산로 411

운영 시간

09:00-21:00
일요일 휴무

주요 메뉴

동갈전
북엇국

주인장 어릴 적 어머니가 해주셨던 방식 그대로 만든 동갈전. 처음 들어보는 이름에 뭔가 했더니 동태뼈전이란다. 동태도 부위별로 맛이 다르다는데, 뼈 옆에 붙은 살을 갈비 뜯듯 먹다 보니 그 말을 알겠다. 뽀얗고 맑아 종래의 북엇국과 다른 이곳 북엇국도 꼭 먹어봐야 할 메뉴다.

무심코 먹었던 동태전.

배, 등, 꼬리가 제각기 맛이 다르다는 걸 공부했습니다.

방문 후기

우미관

TEL. 02-447-2848

식당 주소

경기 구리시 아차산로 293

운영 시간

12:00-20:30
화요일 휴무
(재료 소진 시 조기 마감)

주요 메뉴

장어정식
장어덮밥
장어구이

옛날엔 한강에서 장어를 잡아 팔았다는 사실을 아시는가. 여기도 그중 하나로, 이제는 경기도로 이사 왔지만 그때부터 장어를 팔았던 역사와 경험은 여전히 이어지고 있다. 어떻게 하면 이렇게 탱탱하고 쫀득하게 요리할 수 있을까 싶은 이 집 장어는 감히 타의 추종을 불허한다.

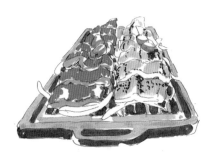

이 집의 역사는 깊습니다.
광나루 다리 밑에서 쪽배에 풍로 놓고
장어 구워 먹었던 기억을 건드리고 말았습니다.
끄어억~~

방문 날짜 20   .   .   나의 평점 🍚🍚🍚🍚🍚

방문 후기

돌다리집

TEL. 031-562-2882

식당 주소

경기 구리시 경춘로248번길 17

운영 시간

11:30-01:00

주요 메뉴

파불고기
고추장불고기
초벌삼겹살

고기 위에 파채를 듬뿍 얹은 뒤, 넓은 그릇을 엎어 꾹꾹 눌러 고기에 파 향을 입힌다. 그 모양 그대로 뒤집어서 들고 오니, 첫인상은 파전이 왜 여기 있나 했다. 하지만 모든 일엔 이유가 있는 법. 은은한 대파 향기와 특유의 단맛이 제대로 밴 불고기에 고개가 끄덕여진다.

"돌다리도 두드리고 건너라."라는 옛말이 있죠.
이 집 와서 돌다리 두들기면 주걱에 볼따귀 날아갑니다.

방문 날짜 20   .   .   나의 평점 🍚🍚🍚🍚🍚

방문 후기

마방집

TEL. 031-791-0011

식당 주소

경기 하남시 하남대로 674
(가게 이전 예정, 방문 전 문의 필수)

운영 시간

11:00-21:00

주요 메뉴

한정식
소장작불고기
보김치

340

100년 전통의 나물 백반집. 아무리 음식 값을 낸다고 해도 남는 게 있나 싶을 정도로 찬이 많이 나온다. 간이 심심해 재료 본연의 맛을 느끼기 좋은 곳. 해물과 곡류를 넣어 김치로 감싼 음식인 '보김치'가 특색 메뉴다. 재개발로 자리를 이동한다 하니 잘 살펴보고 가자.

라일락 꽃 향기가 반갑지만은 않습니다.
100년 역사의 이곳이 도시계획자의 선을 피하지 못하고
2023년에 이전한답니다. 흑흑

방문 날짜 20   .   .   나의 평점 🍚🍚🍚🍚🍚

방문 후기

강변손두부

TEL. 031-791-6470

식당 주소

경기 하남시 미사동로 105-1

운영 시간

07:30-20:30
휴식시간 16:00-17:00(주말 15:00-
16:00), 월요일 휴무

주요 메뉴

생두부
하얀순두부
빨간순두부

투박하게 누르는 옛 방식으로 만든 생두부. 콩물과 같이 떠서 양념장을 살짝 얹어서 먹는다.

미사리의 풍경은 자꾸 바뀌는데
이 집 손두부는 변치 않는 100년을 기대하게 하네.

방문 날짜 20 . .   나의 평점 🍚🍚🍚🍚🍚

방문 후기

털보네바베큐
미사동본점
TEL. 031-791-1025

식당 주소

경기 하남시 미사동로 49

운영 시간

11:00-22:00
라스트 오더 21:00

주요 메뉴

세트A(삼겹살+등갈비+…)
고급삼겹살
생고기김치찌개

참나무 향 솔솔 풍기는 돼지 바비큐. 훈연하듯 구워 기름기가 쫙 빠져
그야말로 겉바속촉이다.

한참 가을….
캠핑 떠나지 못하는 낭만객을 위해 존재하는 곳.

최미자
소머리국밥

TEL. 031-764-0257

식당 주소

경기 광주시 곤지암읍 도척로 58

운영 시간

07:00-20:00
월요일 휴무
(재료 소진 시 조기 마감)

주요 메뉴

소머리국밥
수육

곤지암의 명물 소머리국밥. 소머리국밥 거리에서도 원조격인 이곳을 벌써 20년째 다니고 있다. 누린내나 느끼함 하나 없이 경쾌한 국물과 담백한 고기는 정말이지 혼자 먹기 아까운 맛. 뜨거운 국물 속 밥알이 퍼지기도 전에 입 속으로 넣고 만다. 흠잡을 것이 없는 곳이다.

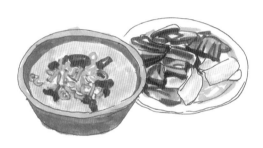

이 국밥은 한결같은 맛을 유지하고 있지만
떠먹고 있는 동안 내내
최미자 씨의 건강이 염려스러웠습니다.
쾌차 기원!!

방문 날짜 20   .   .   나의 평점 🍚🍚🍚🍚🍚

방문 후기

순영네돼지집

TEL. 031-767-7075

식당 주소

경기 광주시 오포읍 오포로520번길
13

운영 시간

10:30-22:00
휴식시간 15:00-17:00
(주말 휴식시간 없음)

주요 메뉴

통돼지두루치기
통생삼겹살

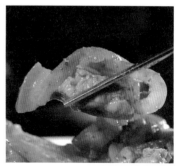

양파, 김치, 돼지고기가 전부인 통돼지두루치기. 단출한 재료에 과연 맛이 있을까 싶었지만, 15분 넘게 끓이다 보니 푹 익은 양파에서 단맛이 나와 자칫 강할 수 있는 두루치기 맛을 부드럽게 감싸준다. 이렇게 훌륭한 요리를 만들다니 양파, 너 대단한 녀석이었구나.

2인분에 20,000원.
가성비 최고입니다.

방문 날짜 20 . . 나의 평점

방문 후기

결구쟁이네

TEL. 031-885-9875

식당 주소

경기 여주시 강천면 강문로 707

운영 시간

09:00-21:00

라스트 오더 18:00

주요 메뉴

사찰정식

나물밥상

나물로 밥상을 평정했다. 특히 취나물, 곤드레나물은 지금까지 수도 없이 먹었는데 그간 먹었던 맛을 찾을 수 없을 정도로 재료 본연의 맛을 잘 살렸다. 15년 묵은 된장으로 끓인 된장국은 밥상의 하이라이트. 맛 좀 아는 사람이라면 사랑할 수밖에 없다. 아유, 맛있어서 미치겠다.

찬 하나하나 개성 있는 맛이
머릿속을 꽉 채웠습니다.
이럴 때 나그네는 없던 기운이 생깁니다.

방문 날짜 20   .   .   나의 평점 😋😋😋😋😋

방문 후기

마당집추어탕

TEL. 031-882-5017

식당 주소

경기 여주시 우암로 23

운영 시간

11:00-19:00
일요일 휴무

주요 메뉴

추어탕
추어튀김

까다로운 여주 사람들 입맛을 30년 넘게 만족시키고 있는 집. 다른 데 보다 걸쭉한 국물이 특징인 이곳 추어탕은 사골로 육수를 내고, 통미꾸라지와 간 미꾸라지를 넣어 맛을 업그레이드했다. 생미꾸라지에 튀김가루만 살짝 입혀 튀긴 추어튀김도 바삭하고 고소한 것이 별미다.

좋은 음식은 악당을 만들지 않는다.
좋은 음식이 많아야 지구가 조용해진다.

방문 날짜 20   .   .   나의 평점 🍚🍚🍚🍚🍚

방문 후기

장터식당

TEL. 031-721-0176

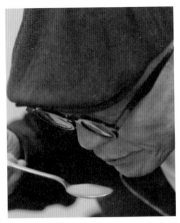

식당 주소

경기 성남시 중원구 둔촌대로83번길
2

운영 시간

10:00-21:00
라스트 오더 20:30
일요일 휴무

주요 메뉴

소머리국밥
우설수육

한국인의 패스트푸드는 단연코 소머리국밥이 아닐까. 금세 나온 뚝배기 속에 우설, 볼때깃살, 콧잔등살 등 건더기가 넉넉히 들었다. 이 나쁜 어른들도 먹을 수 있을 만큼 부드럽게 씹히는 고기는 세 가지 소스에 찍어 먹고, 맑은 국물은 뚝배기째 들고 마시면 세상 부러울 것이 없다.

환장할 일입니다.
이런 소머리국밥을 지척에 두고 이제야 찾았습니다.
끄어억~~

방문 날짜 20   .   .   나의 평점 🍚 🍚 🍚 🍚 🍚

방문 후기

남해소반

TEL. 031-719-9199

식당 주소

경기 성남시 분당구 내정로165번길 38, 2층

운영 시간

11:30-21:30
일요일 휴무

주요 메뉴

갯마을정식
물회

15년간 매일 아침 남쪽에서 식재료를 받아온다. 신선한 재료를 제일 중요시 여기는 주인장 고집이 다시마채무침, 꼬시래기무침, 청각무침 같은 반찬에서 전부 느껴진다. 양념을 과하게 쓰지 않아 전어 맛 살아 있는 무침도 훌륭하고, 뽀얗고 꼬수운 서더리탕도 일품이다.

'소반'은 작은 밥상이란 뜻인데,
맑은 대궐에서 차린 임금님 밥상입니다.

방문 날짜 20 . .   나의 평점 🍚🍚🍚🍚🍚

방문 후기

진천보쌈

TEL. 031-747-1651

식당 주소

경기 성남시 수정구 산성대로295번길
9-1

운영 시간

11:30-21:00
월요일 휴무

주요 메뉴

보쌈
보쌈정식

신발 벗고 들어와 식탁에 앉는 집은 참 오랜만이다. 옛 생각 나게 하는 분위기에 추억 여행도 잠시, 금세 보쌈정식이 나온다. 정갈한 반찬과 촉촉하고 야들야들한 보쌈을 먹다 보면 10,000원에 이런 음식이 가능한가 싶다. 특히 굴 들어간 보쌈김치와 고기는 환상의 조합이다.

10,000원짜리 백반에 보쌈까지····.
고맙습니다. 사랑합니다~

방문 날짜 20   .   .   나의 평점 🍚🍚🍚🍚🍚

방문 후기

참향

TEL. 031-709-5444

식당 주소

경기 성남시 분당구 새마을로 181

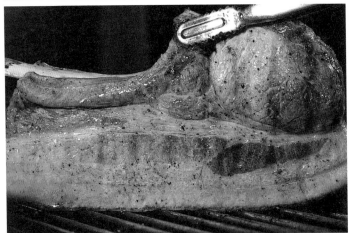

운영 시간

11:30-21:30
휴식시간(평일) 15:30-17:00
월요일 휴무

주요 메뉴

참향오미뼈등심(한정 판매)

오겹살, 등갈비, 등심, 가브리살, 껍질까지 무려 다섯 가지 맛을 한 번에 즐길 수 있다.

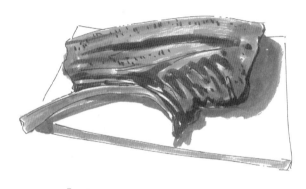

두꺼운 돼지고기 불판 위에서 몸을 태운다.
달려드는 식욕을 밀쳐 내다가
"에라, 내일은 내일! 오늘에 충실하자!"

방문 후기

강건너빼리

TEL. 031-671-0007

경기 안성시 금광면 가협1길 121-54

10:30-21:00
화요일 휴무

장작삼겹살
매운탕(메기, 새우, 잡어, 빠가사리)

선착장에서 벨을 누르면 오는 배를 타고 금광 호수를 건너야만 갈 수 있는 식당. 맛깔나는 주인장 음식 솜씨에 메인 음식이 나오기도 전에 반찬을 다 비워버렸다. 불 맛 나는 삼겹살을 직접 재배한 채소에 싸먹는 것도 맛있고, 민물 새우로 끓인 시원한 매운탕도 훌륭하다.

강 건너 밭두렁의 냉이 향기,
열은 집간장에 무쳐 봄의 깊어짐을 알리네.
주문한 음식이 나오기 전에 반찬 그릇을 비운 것은
이 집이 처음이라네.

방문 날짜 20 .   나의 평점 🍚🍚🍚🍚🍚

방문 후기

두꺼비스넥

TEL. 031-674-3039

식당 주소

경기 안성시 안성맞춤대로 1068

운영 시간

09:00-19:30
일요일 휴무

주요 메뉴

오이김밥, 쫄면
떡볶이, 칼국수

겉보기에는 별다를 것 없어 보이는 김밥이라 도대체 뭐가 달라 41년을 버텼나 봤더니, 역시 세월을 견딘 힘은 아무 데서나 나오는 것이 아니었다. 12시간을 절여 아삭아삭, 꼬독꼬독 씹히는 오이가 이 집 김밥의 하이라이트. 덕분에 무슨 김밥이 이렇게 시원할 수가 있나 싶었다.

이렇게 예쁜 김밥 처음입니다.

오이의 아삭거림이 아직도 입에 남아 있습니다.

안성의 4l년 자존심입니다.

방문 날짜 20

나의 평점 🍙🍙🍙🍙🍙

방문 후기

한경식당

TEL. 031-676-7377

식당 주소

경기 안성시 중앙로372번길 21

운영 시간

07:00-19:00
주말 07:00-18:00

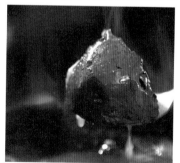

주요 메뉴

한우국밥
냉면
육회

366

안성 시장이 자랑하는 7,000원 한우국밥. 기름 둥둥 떠 있는 국물을 한 수저 떠먹으면 입 안엔 구수하고 달콤한 맛이 가득 찬다. 선지는 비린 맛 하나 없이 고소하고, 푹 익은 사태와 양지는 입에서 녹는다. 안성 쌀에다 안성 소고기까지, 안성을 느끼기에 이만한 곳이 있을까.

국밥 7,000원에 주인장의 정은 덤입니다.
안성 시장의 꽃입니다.

방문 날짜 20 . .   나의 평점 🍚🍚🍚🍚🍚

방문 후기

빠박이쟁고기

TEL. 031-677-7231

식당 주소

경기 안성시 중앙로399번길 42

운영 시간

17:30-22:00

토요일 12:00, 일요일 16:00 오픈

라스트 오더 20:40, 화요일 휴무

주요 메뉴

한우프라임등심

한우기막힌채끝

한우스페셜모둠

기름장과 육장에 찍어 먹는 치맛살 생고기. 쫀득쫀득하지만 부드럽고, 또 질길까 하지만 질기지 않은 생고기가 참 매력적이다. 한참 씹다 보면 단맛까지 올라오니 아, 오늘 고기는 다 먹었다 싶었다. 그런데 20일 숙성한 업진살 구이를 한 입 먹자마자, 다시 젓가락을 제대로 잡았다.

기행 때마다 배웁니다.
생고기는 당일에 먹는 것과 하루 숙성 후 먹는 것.
이 집은 당일일까요, 하루 뒤일까요.

방문 날짜 20   .   .   나의 평점 🍚🍚🍚🍚🍚

방문 후기

안양감자탕

TEL. 031-441-2262

식당 주소

경기 안양시 만안구 장내로 143

운영 시간

11:00-24:00

주요 메뉴

콩비지감자탕
우거지감자탕

식탁에 놓인 감자탕 모양새가 종래의 감자탕 모양이 아니다. 두부 만들고 남은 비지가 아니라 콩을 갈아 만든 꾸덕꾸덕한 비지가 줄줄 흐르는 모습이 마치 빵에다 크림 잔뜩 발라놓은 듯하다. 맛도 더 고소한 것이, 기존 감자탕에서 부족했던 부분을 콩비지가 기가 막히게 채웠다.

콩비지를 넣어서 극한의 고소한 맛!
감자탕의 이유 있는 변신!

방문 날짜 20 .   나의 평점 🍚🍚🍚🍚🍚

방문 후기

삼돌박이 수라육간

TEL. 031-384-4646

식당 주소

경기 안양시 동안구 평촌대로223번길 31, 2층

운영 시간

11:50-22:30
일요일 11:50-22:00

주요 메뉴

흑소통뼈우대갈비
한우1++차돌박이삼합세트

청춘의 활기가 느껴지는 거리에 젊은 주인장이 운영하는 가게. 정형도, 숙성도 직접 해 자신만만하게 내놓은 우대갈비(갈비 중간 부위를 세로로 정형한 것)는 짚불로 훈연해 풍기는 냄새부터 맛있다. 살코기와 기름이 적절히 섞인 고기 맛은 멋지다는 말이 나올 정도다.

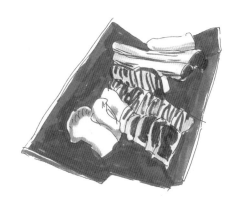

이래서 늘 새로운 정보가 필요하다.
이제는 골라 가야 대접받는다.

방문 날짜 20   .   .   나의 평점 🍚 🍚 🍚 🍚 🍚

방문 후기

팔곡가든

TEL. 031-407-6200

식당 주소

경기 안산시 상록구 소학2길 9

운영 시간

11:00-21:00

일요일 휴무

주요 메뉴

오리산채나물정식

단호박오리주물럭

건강한 음식을 싸게 팔기 위해 직접 농산물을 키운단다. 하나같이 손 많이 가는 반찬만 내놓는다는 내 말에 슬쩍 웃는 사장님을 보니, 슬슬 웃으면서 다 해내는 스타일 같아 나도 웃음이 난다. 간장 맛이 멋진 오리구이 한 젓가락에 사과동치미 시원하게 들이켜면 더 바랄 게 있으랴.

시장 채소가 못 미더워
직접 키워서 손님 앞에 내놓는 집.
흔치 않은 곳입니다.

방문 날짜 20   .   .   나의 평점 🍚🍚🍚🍚🍚

방문 후기

김종우갈백집

TEL. 031-403-4353

식당 주소

경기 안산시 단원구 고잔2길 9

운영 시간

11:30-21:40
라스트 오더 21:10
일요일 휴무

주요 메뉴

生통갈매기구이
백합칼국수

갈매기살을 먼저 통으로 노릇하게 굽고, 그다음에 잘라서 속을 촉촉하게 익힌다. 종래에 알던 갈매기살은 무엇이었는가. 육즙의 창고인 양 입안에서 축축 흘러나오는 즙에 양 엄지를 올리게 된다. 후식 백합칼국수는 족타 반죽한 면에 시원한 국물까지. 아, 부족한 것이 없습니다.

항상 음식을 마주했을 때 고마움을 느낄 수 있는 것은
새로운 맛을 찾았을 때입니다.
이 집이네요.

방문 날짜 20   .   .   나의 평점 🍚 🍚 🍚 🍚 🍚

방문 후기

진도식당

TEL. 031-402-8262

식당 주소

경기 안산시 단원구 광덕대로 187

운영 시간

11:30-21:40
일요일 휴무

주요 메뉴

민어지리탕
반건조민어찜
갈치/병어조림

만재도 출신 사장님이 전라남도 재료로 밥상을 차린다. 걸쭉하고 뽀 얀 국물의 민어지리탕은 '바다의 곰국'이 이거로구나 싶은 맛. 이런 국물은 그릇째 들고 마시는 것이 예의일 테지. 여름에 잡아 가을에 말 리고 겨울에 먹는 반건조민어찜은 아침부터 술 생각 나게 만든다.

전국 어디에 있어도 제값을 하기에
이런 단어가 생겼을 것입니다.
남도의 맛….

전주토속 음식점

TEL. 031-366-8312

식당 주소

경기 화성시 송산면 사강시장길 48-1

운영 시간

10:00-22:00

주요 메뉴

모둠생선찜
가오리찜
얼큰생대구탕

실로 간이 훌륭한 집. 주인장 어머니가 직접 담근 장으로 끓인 청국장은 짜지 않고 담백해 숟가락질을 멈출 수가 없다. 가오리, 가자미, 코다리로 요리한 모둠생선찜도 자극적이지 않으면서 은은하게 매운 양념이 으뜸. 다음번 간 잘하는 집 만날 때까지 입에 맛이 맴돌 듯하다.

간이란 무엇인가?
이 집에 해답이 있습니다.
서로의 경계가 확실합니다.

외갓집

TEL. 031-998-4331

경기 김포시 하성면 석평로 374-8

11:30-20:00

시골정식

농사지은 재료로 만든 반찬과 직접 담근 장, 여기에 이천 쌀밥까지.
진짜 외갓집에서 먹는 할머니 밥상 같다.

마루에서 받은 푸짐한 한 상.
눈 쌓인 마당에서 뒹구는 흰 강아지.

방문 날짜 20   .   .   나의 평점 🍚🍚🍚🍚🍚

방문 후기

박셔방네코다리

김포본점

TEL. 031-987-2343

식당 주소

경기 김포시 양촌읍 석모로 85

운영 시간

11:00-22:00
휴식시간 15:30-17:00
라스트 오더 20:30, 월요일 휴무

주요 메뉴

시래기코다리찜

매일 3시간은 양념을 만드는 데 쓴단다. 남기지 말고 밥 비벼 먹고, 소면 넣어 먹고 하자.

서른한 가지 양념은 밍밍한 코다리를
멋진 미인으로 바꿔 놨다.

지리산 통진점

TEL. 031-998-9925

식당 주소

경기 김포시 통진읍 조강로56번길 86

운영 시간

11:00-22:00
라스트 오더 21:00

주요 메뉴

한돈수제돼지갈비

반찬부터 고기까지, 그야말로 다 퍼 준다. 이래서 남나 싶은데, 퍼 주고 망한 집은 없다는 사장님이다.

맛 짱!
양 짱!
가성비 짱!
짱! 짱! 짱!

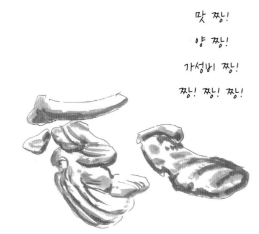

서삼릉보리밥

TEL. 031-963-5694

식당 주소

경기 고양시 덕양구 서삼릉길 124

운영 시간

11:00-19:00
휴식시간 15:20-16:00
수요일 휴무 (재료 소진 시 조기 마감)

주요 메뉴

옛날보리밥
코다리구이
도토리묵(한정 판매)

하루 20인분 한정 판매 도토리묵. 금방 다 팔린다는데, 먹어 보면 이 유를 안다. 코다리구이도 필수!

순하면서도 각각 제맛을 뽐내는 곳.
이런 집이 우리 동네에 있었으면….

방문 날짜 20 . . 나의 평점 🍚🍚🍚🍚🍚

방문 후기

시장면가

TEL. 031-817-9000

식당 주소

경기 고양시 덕양구 고양대로1395
번길 19-22

운영 시간

11:00-20:30
라스트 오더 20:00
(재료 소진 시 조기 마감)

주요 메뉴

물막국수
들기름막국수
소고기편채

들기름국수가 어떻게 이렇게 산뜻할 수가 있을까. 소고기편채도 깔린 양파와 같이 먹으면 물릴 틈이 없다.

익히 아는 맛인데 또 감동 먹었습니다.

시골마루장작구이
서오릉점

TEL. 02-336-5292

식당 주소

경기 고양시 덕양구 서오릉로 307-16

운영 시간

11:00-22:00
휴식시간 15:00-16:00
라스트 오더 20:30

주요 메뉴

삼겹살장작구이
허브마늘오리한마리

참나무 장작으로 훈연한 고기. 은은하게 퍼지는 숯 향과 쫀득한 식감
에 젓가락질을 멈출 수 없다.

150°C로 딱 맞춰 굽는다니,
주먹구구식이 아닙니다.
기름기 넉넉히 머금고 갑니다.

방문 날짜 20   .   .   나의 평점 😊 😊 😊 😊 😊

방문 후기

모향촌손두부

TEL. 031-835-2119

식당 주소

경기 연천군 전곡읍 전곡로 119

운영 시간

11:30-22:00

주요 메뉴

두부조림
콩되비지탕

이 집 두부조림은 대멸(큰 멸치)이 들어가 졸이면 졸일수록 더 맛있어진다.

연천 두부 요리에서 여수의 멸치 비린내를 맡고 말았습니다.
멸치와 두부가 이렇게 잘 어울립니다.

방문 날짜 20 . .   나의 평점 🥣🥣🥣🥣🥣

방문 후기

불탄소가든

TEL. 031-834-2770

식당 주소

경기 연천군 연천읍 현문로 526-29

운영 시간

11:00-20:30

주요 메뉴

섞어매운탕

3년 묵힌 고추장이 이 집 탕 맛의 핵심. 게다가 생선도 한탄강에서 직접 잡아 온단다.

강가 높은 언덕의 매운탕집.
저 아래 강 속 물고기들은 떨고 있다.

방문 날짜 20   .   .   나의 평점 😋😋😋😋😋

방문 후기

원조초계탕

TEL. 031-861-0781

식당 주소
경기 동두천시 어수로 35

운영 시간
11:00-22:00
라스트 오더 21:10

주요 메뉴
초계탕
초계닭무침

노계를 오랜 시간 서서히 삶았다. 참기름을 쳤나 싶을 정도로 고소한 닭 맛에 새로운 지평을 본 기분이다.

통닭, 백숙, 구이가 대세인 닭 요리 대열에
기름기 쫙 빠진 초계탕이 들어섰습니다.
선두 주자가 확실시됩니다.

방문 날짜 20   .   .   나의 평점 🍚🍚🍚🍚🍚

방문 후기

복진면

TEL. 031-426-5812

식당 주소

경기 의왕시 독정이길 28

운영 시간

10:00-22:00

주요 메뉴

세트A(복칼국수, 복튀김, 복껍질)

청계산 산중에 웬 복집이 있나 하겠지만, 무려 복어 조리 기능장이 운영하는 집이다.

사는 집 바로 옆에 복 요릿집이 있었네요.
산중에 자리 잡은 이유가 충분합니다.

방문 날짜 20   .   .   나의 평점 🍚🍚🍚🍚🍚

방문 후기

미쓰발랑코

TEL. 032-324-7087

식당 주소

경기 부천시 조마루로285번길 40

운영 시간

11:00-22:00
휴식시간 15:00-17:00(주말 16:00-
17:00), 라스트 오더 21:00

주요 메뉴

반반짜글이

젓갈 없이 담근 김치를 써야 돼지 맛을 해치지 않는 짜글이가 된단다.

여기, 스파게티 사리 추가요!

이 집 다녀간 맛객 여러분의 선택에
적극 동감합니다.

방문 날짜 20   .   .   나의 평점 😊😊😊😊😊

방문 후기

진화장식당

TEL. 032-666-5501

식당 주소

경기 부천시 부천로148번길 44

운영 시간

10:00-22:00

주요 메뉴

새조개/키조개
들찰밥

1월~3월이 제철인 새조개. 팔팔 끓을 때, 두 마리씩 넣고 6초가 지나면 바로 건져서 먹자.

부천에서 만난 남도 음식.
고향 맛은 항상 저를 따라다닙니다.

방문 날짜 20 . .　　　나의 평점 🍚🍚🍚🍚🍚

방문 후기

토리향

TEL. 031-311-0776

식당 주소

경기 시흥시 소래산길 51

운영 시간

11:30-15:00
주말 11:30-17:00
전화 예약 필수

주요 메뉴

도토리정식

주문이 들어오면 주인장이 정성스럽게 하나하나 요리해서 낸다. 맛도 자극적이지 않아 속이 편안하다.

맛있게 먹고 나니 고기는 한 점도 없었습니다.
그것이 전혀 놀랍스럽지 않았습니다.

원조닭탕 시흥본점

TEL. 031-311-3701

식당 주소

경기 시흥시 신천로44번안길 23

운영 시간

11:00-21:00
휴식시간 15:00-16:00
라스트 오더 20:00, 일요일 휴무

주요 메뉴

닭한마리

근처 공무원이 인정한 맛집. 시간이 많이 걸리더라도 일일이 닭 기름을 제거하고, 한 마리씩 비법 소스로 염지를 한단다.

반찬은 딱 두 가지,
대강 담근 대강김치와 무장아찌.
이유는 닭탕이 맛있기 때문입니다.

방문 날짜 20   .   .   나의 평점 😊😊😊😊😊

방문 후기

조개포차

TEL. 010-7338-7338

식당 주소

경기 시흥시 오이도로 215

운영 시간

10:00-01:00
금요일, 토요일 10:00-03:00

주요 메뉴

치즈조개구이
4단가리비치즈구이

생조개만 취급하는 곳. 조개의 짭조름함과 치즈의 고소함이 입 안에서 은근히 어우러진다.

4단가리비치즈구이,
사랑할 수밖에 없는 맛.

방문 날짜 20   .   .   나의 평점 ☺☺☺☺☺

방문 후기

강원 밥상

원조숯불
닭불고기
TEL. 033-257-5326

식당 주소
강원 춘천시 낙원길 28-4

운영 시간
10:30-21:00
수요일, 명절 전일과 당일 휴무

주요 메뉴
뼈 없는 닭갈비, 뼈 있는 닭갈비
오돌뼈 닭갈비, 닭내장과 똥집

춘천 사람들에게 닭갈비는 숯불닭갈비를 말한다. 그중에서도 파인애플에 넉넉히 재운 이 집의 숯불닭갈비와 오도독(오돌뼈)숯불닭갈비는 유독 부드러운 맛이 으뜸이다.

60년 노포다.
고기는 역시 불맛이 보태져야 맛을 낸다.
꼬리를 무는 젊은 학생들 손님은
이 집의 미래를 점치게 한다.

방문 날짜 20 . .　　　나의 평점 🍚🍚🍚🍚🍚

방문 후기

회영루

TEL. 033-254-3841

식당 주소

강원 춘천시 금강로 38

운영 시간

11:00-21:00

화요일 휴무

주요 메뉴

중국식국밥

백년짜장

중국냉면

100년 전 맛을 재현한 백년짜장은 투명한 갈색에 된장 맛처럼 구수하다. 중국식국밥은 짬뽕과 비슷해 보이지만 불 맛을 죽이고 오로지 진하고 담백한 맛으로 승부를 본다. 춘천인들의 소울 푸드라고 한다.

백년짜장과 국밥을 먹었다.
짜장 맛도 일반 중국집에서 만날 수 없는 맛이었고,
국밥은 무섭게 빨간 국물에 밥을 말았는데
이 또한 기억에서 지울 수 없는 맛이다.
한입으로 많은 음식을 맛보지 못한 것이 아쉽다.

방문 날짜 20   .   .   나의 평점 🍚 🍚 🍚 🍚 🍚

방문 후기

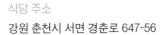

다윤네집

TEL. 033-263-1888

식당 주소

강원 춘천시 서면 경춘로 647-56

운영 시간

09:00-21:00
명절 휴무

주요 메뉴

모래무지조림, 오리능이백숙
토종닭백숙, 볶음밥
옻닭

모래무지조림은 잔뼈가 많아 먹기 성가시지만 살점이 탄탄해서 어느 민물고기보다 식감이 좋다. 시래기와 어우러진 부드럽고 구수하고 단맛은 밥 한공기로도 모자랄 정도다.

모래무지는 예부터 춘천에서 두 번째로 많이 잡히는 어종이다.
그래서 음식 내공이 다른 지역보다 훨씬 뛰어나다.

방문 날짜 20   .   .   나의 평점

방문 후기

강릉집

TEL. 033-242-7779

식당 주소

강원 춘천시 서부대성로 46

운영 시간

06:20-16:00

일요일 휴무

주요 메뉴

생선구이백반
고등어구이백반
생선정식

엄마 옆에서 요리를 돕던 열다섯 소녀. 어머니가 돌아가신 뒤 가게를 물려 받아 그 손맛을 잇고 있다. 생선정식인데 돼지고기, 나물 등 찬이 이것저것 많기에 물었더니, 엄마가 애들 좋아하는 거 다 해주듯이 장사하다 보니 그렇게 되었단다. 참, 어머니 생각 나게 하는 곳이다.

어릴 적 꼬질었던 고생이 남아 있을까 걱정이었는데
너무 밝아서 안심했습니다.
그런 성품이 음식으로 이어졌습니다.

후평왕족발

TEL. 033-242-2926

식당 주소

강원 춘천시 춘천로 293

운영 시간

12:00-20:30

화요일 휴무

전화 예약 필수 (재료 소진 시 조기 마감)

주요 메뉴

족발

잔치국수

비빔국수

보통 '족발 가게'는 방금 나온 따끈따끈한 족발을 먹기 위해 찾아가는데, 아니 이곳은 족발이 차갑다!? 신기함은 잠깐, 오히려 쫀득쫀득하고 담백한 맛에 '아~ 왜 식혀 나오는 줄 알겠다!' 싶다. 여기에 뜨끈한 잔치국수, 매콤한 비빔국수를 곁들이면 부족했던 2%가 전부 채워진다.

똑같은 앞다리살인데
이 집 냉족발은 기름기가 느껴지지 않습니다.
한 수 배웠습니다.
이래서 음식 기행은 즐겁습니다. ♫

방문 날짜 20 . .   나의 평점 🍚🍚🍚🍚🍚

방문 후기

감자밭

TEL. 1566-3756

식당 주소

강원 춘천시 신북읍 신샘밭로 674

운영 시간
10:00-20:00

주요 메뉴

춘천 감자빵, 치즈감자빵
카레감자빵, 감자라떼

방금 캐내 흙 잔뜩 묻은 진짜 '감자'처럼 생긴 감자빵. 몰랑몰랑한 감자빵을 반으로 가르면 개발 품종인 '로즈감자'로 만든 소가 마중을 나온다. 기분 나쁘지 않게 올라오는 달달함과 은근히 올라오는 구수한 맛에 '이런 맛도 있구나' 하며 세상 오래 살고 볼 일이다 싶다.

감자빵일세, 허나 흔한 감자빵이 아닐세.
춘천에 오면 시끌벅적한 집이 있다더니 바로 이 집일세.
설명은 이 빵을 흠집 내기 쉬우니 직접 드셔보게나.

방문 날짜 20 .   .   나의 평점

방문 후기

대복소갈비살

TEL. 033-244-0292

식당 주소

강원 춘천시 동부시장길 8-4

운영 시간

17:00-21:00

일요일 휴무

주요 메뉴

한우제비추리

한우갈비살

메뉴 특별하게 고를 거 없다! 그냥 몇 인분 먹을지만 말하면 된다는 사장님 포스 넘치는 곳. 소고기 장사만 26년, 소고기에 항상 진심이라는 주인장 말답게 고기는 주문 즉시 손질을 시작한다. 그날 고기가 안좋으면 식당 문도 닫아버린다는 그 자부심이 갈빗살 한 점에 전부 느껴진다.

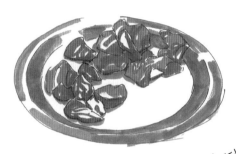

정말 겸손하게 살아야 할 이유가 여기 있습니다.
어디든지 숨은 고수가 있다는 것입니다.
이 집입니다.

방문 날짜 20   .   .   나의 평점 😊😊😊😊😊

방문 후기

맥고을

TEL. 033-255-9530

식당 주소

강원 춘천시 서부대성로44번길 11-1

운영 시간

12:00-21:00

주말 휴무

주요 메뉴

장칼국수

더덕비빔밥

428

시청, 도청 끼고 있어 공무원 맛집으로 유명한 곳. 생더덕을 잘게 잘라 양념을 하고 각종 나물과 청포묵 넣고 비벼 먹는 비빔밥이 인기 메뉴다. 더덕을 익히지 않은 탓에 아리고 떫은 거 아닌가 싶었는데 다른 재료와 함께 비벼지면서 맛의 조화를 이뤄내었다.

텁텁한 장칼국수는 집 떠난 오빠를 불러들이고,
더덕비빔밥은 오빠가 집 떠날 생각을 버리게 만듭니다.

방문 날짜 20   .   .   나의 평점 🍚🍚🍚🍚🍚

방문 후기

울릉도호박집

TEL. 033-574-3920

식당 주소

강원 삼척시 오십천로 496

운영 시간

전화 후 방문 추천

주요 메뉴

생선모둠찜(장치+가자미+도루묵)

정갈한 찬과 함께 호박과 약초로 담근 식전주가 나오면 강원도를 느낄 수 있다. 메인인 동해 별미 3종 장치와 가자미, 도루묵을 매콤하게 조려낸 생선모둠찜이 일품이다.

빨갛다. 빨간 만큼 맵다. 밥이랑 같이 먹었다.

아직도 입안이 얼얼하다.

도루묵, 가자미, 장치가 들어갔다.

도루묵은 겨울보다 여름이 더 맛있다고 하는데 처음 들어봤다.

동해안에 사는 사람들에게 확인해야겠다.

이 집의 호박술은 식전주로 매우 훌륭하다.

방문 날짜 20   .   .   나의 평점 ⊝ ⊝ ⊝ ⊝ ⊝

방문 후기

남궁스넥

TEL. 033-573-6101

식당 주소

강원 삼척시 성당길 93-14

운영 시간

점심 영업
전화 예약 필수

주요 메뉴

감자보리밥
만둣국(계절)

감자보리밥이 외로울까봐 만둣국을 계절메뉴로 뒀다는 5,000원 백반집. 간판도 없고, 밭에서 직접 키운 야채로 하루 정해진 양만 준비해 예약 손님만 먹을 수 있는 숨은 맛집이다.

삼척의 보물섬 발견.

간판도 없고 메뉴도

보리밥(5,000원), 만둣국(계절 5,000원)뿐.

비주얼이 좋고 맛 또한 너무 좋아

사진 찍는 걸 잊고 뚝딱 해치웠다.

이런 집을 만나면 이날 하루는 잘 풀릴 것이다.

방문 날짜 20   .   .   나의 평점 😊😊😊😊😊

방문 후기

허구한날

TEL. 033-573-1185

식당 주소

강원 삼척시 대학로 51

운영 시간

17:00-24:00

전화 후 방문 추천

(재료 소진 시 조기 마감)

주요 메뉴

문어

생박합탕, 백골뱅이무침을 먹고 있으면 주인공 문어숙회가 나온다.
이만한 코스가 있으려나.

마누라 잔소리가 들리누나.
"허구한 날 술 마시면서 촬영도 허구한날이냐!"

방문 날짜 20   .   .   나의 평점

방문 후기

강화가든

TEL. 033-575-0011

식당 주소

강원 삼척시 원당로2길 69

운영 시간

17:00-21:00
첫째, 셋째 일요일 휴무
전화 예약 추천

주요 메뉴

등심
된장찌개

메뉴는 등심 하나. 열세 가지 쌈 채소와 3년 숙성한 강원도식 막장찌개까지 그야말로 완벽하다.

고기도, 그릇도, 맛도, 인심도,
어느 곳도 이 집을 따라가지 못합니다.
넉넉합니다.

방문 날짜 20 . .

나의 평점 🍚🍚🍚🍚🍚

방문 후기

매화촌해장국

TEL. 033-462-7963

식당 주소

강원 인제군 기린면 내린천로 3412

운영 시간

07:00-15:00
주말 18시까지(전화 후 방문 추천)
월요일 휴무

주요 메뉴

내장탕
해장국

가마솥에 소 위를 넣고 푹 끓이다가 수삼을 넣고 다시 우려낸 국물을
기본으로 한 해장국과 내장탕이 맛있는 집이다. 방공호급 보물창고
에서 잘 익은 김장김치가 수준급이다.

비오는 날은
시원한
국물이
생각 납니다

이런 아이가
웨 테이블에
있었다

시골 국도에 예쁘게 자리 잡은 곳.
겨울 매화는 보이지 않으나
이 집 음식은 나그네의 발걸음을 멈추게 하누나.

방문 날짜 20   .   .   나의 평점

방문 후기

산채촌

TEL. 033-463-3842

식당 주소

강원 인제군 북면 어두원길 25

운영 시간
09:00-20:00

주요 메뉴
질경이정식
산채정식

가마솥밥에 생전 듣도 보도 못한 산채(산뽕잎나물, 다래순나물, 산고추나물, 오가피순나물, 당귀장아찌, 땅두릅잎장아찌 등)를 넣고 고추장보다 간장이나 된장국에 비비면 진가를 확인할 수 있는 산채비빔밥이 된다.

12가지 나물 반찬과 질경이 비빔밥.

질경이 비빔밥은 질경이가 너무 많아 풋내가 난다.

질경이 대신 밥상에 나온 온갖 나물을 조금씩 넣고 비볐더니

나물 각각의 맛이 섞이지 않고 입안에 고루 퍼진다.

질경아 너는 이제 주인공이 아니다.

방문 날짜 20 . .   나의 평점 🍚🍚🍚🍚🍚

방문 후기

곰배령끝집

TEL. 033-463-0046

식당 주소

강원 인제군 기린면 곰배령길 232

운영 시간

전화 후 방문 추천

주요 메뉴

산나물전
된장찌개

세상에 이런 식당이. 강원도 산골짜기, 해발 820m에 위치한 이 식당에 가려면 구불구불한 골짜기를 지나야만 한다. 암 환자로 왔다가 완치 후 17년째 여기서 살고 있다는 주인장. 강원도 봄 나물 잔뜩 넣은 산 나물전은 향이 기가 막히는 것이, 봄이 찾아왔다고 말해주는 듯하다.

산길 30분.
물 좋고, 산 좋고, 공기 좋고, 음식 좋은 곳.
이곳이 바로 도원경(桃源境).

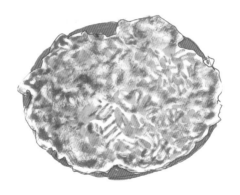

방문 날짜 20 . .   나의 평점 🍚🍚🍚🍚🍚

방문 후기

대흥식당

TEL. 033-461-2599

식당 주소

강원 인제군 남면 빙어마을길 28

운영 시간

11:00-14:00

토요일 휴무

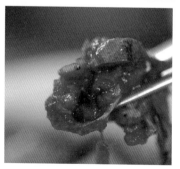

주요 메뉴

메기찜

붕어찜

쏘가리매운탕

소양호 바로 앞, 멋진 전망을 자랑하는 집. 메기찜의 뻑뻑하고 진한 국물과 구수한 시래기, 부드러운 메기 살 맛에 강원도까지 온 보람이 있다. 그러다 입이 살짝 텁텁할 즈음엔 코다리를 넣고 담근 강원도식 깍두기 하나면 얼마든지 다시 메기찜으로 복귀 가능하다.

소양호 메기는 이 집을 싫어합니다.
메기찜 보고 찾아오는 손님이 줄을 섰으니까요.

방문 날짜 20   .   .   나의 평점 🍚🍚🍚🍚🍚

방문 후기

삼호숯불갈비

TEL. 033-461-2769

식당 주소

강원 인제군 인제읍 비봉로16번길 9

운영 시간

10:00-21:00
일요일 휴무

주요 메뉴

돼지갈비
묵은지찌개

과일 숙성 등으로 단맛을 내기 위해 노력하는 어느 갈빗집과 다르게 옛 방식 그대로 간장으로만 양념을 만든다. 대신 35년간 지켜온 철저한 계량이 이 집이 오랜 시간 사랑받은 비결. 마무리로 먹은 '고소한' 고추장묵은지찌개는 감히 이 밥상의 하이라이트라고 말하고 싶다.

돼지갈비는 넉넉히 먹었지만
이 김치두부찌개는 남겼습니다.
키핑되나요?

방문 날짜 20   .   .   나의 평점

방문 후기

아승
순메밀막국수
TEL. 033-333-1158

식당 주소
강원 평창군 대화면 대화리 858-4

운영 시간
전화 문의

주요 메뉴
순메밀막국수(공이 주문 가능)
메밀꿩만두
감자만두국

메밀국수만큼은 최고라는 자부심이 담겨 있는 간판. 야채와 지단을 넣고 달달한 고추장 양념에 비벼도 좋지만 주인이 추천하는 간장 양념과 기름을 넣고 비벼 먹어보면 명불허전.

차가 띄엄띄엄 한 대씩 다니는 강원도 작은 마을에 있다.

이 집 국수는 먹는 방법이 3가지 있다.

① 참기름+간장(파, 마늘, 깨)

② 지단+간장+김+참기름+양배추

③ 1번에 육수를 붓는다.

나는 1, 2번이 좋다.

4년을 먹었지만 3번은 시도하지 않았다.

다시 돌아오지 않을 한 끼이니까 모험을 하지 않는다.

방문 날짜 20   .   .   나의 평점 🍚🍚🍚🍚🍚

방문 후기

오복가든

TEL. 033-333-8726

식당 주소

강원 평창군 용평면 운두령로 377-81

운영 시간

전화 후 방문 추천

주요 메뉴

곤드레밥
만둣국

주변에서 나물을 캐 와 평창 시골 밥상을 차렸다. 산갓김치, 동태식해 등 짜고 달고 쌉쓰름한 강원도 반찬에서 이 세상 맛 전부를 느낀다. 솥 바닥에 생곤드레 자작하게 깐 곤드레밥은 구수한 향과 촌스러운 맛이 매력. 잔멸치로 끓인 곤드레된장찌개도 시원하니 맛나다.

집세가 나가나 인건비가 나가나.
가게 문 열고 손님 오면 받고 안 오면 문 닫고…
세상에 적수가 없구나.

방문 날짜 20   .   .   나의 평점

방문 후기

큰우리

TEL. 033-336-8253

식당 주소

강원 평창군 대관령면 대관령로 192,
1층

운영 시간
11:00-21:00
월요일 휴무

주요 메뉴
한우주물럭
비지찌개

평창 한우가 이렇게 다른가! 어떻게 길렀기에 이리 고소한지 고기 한 점 한 점 씹을 때마다 궁금증이 샘솟는다. 그렇게 평창 소고기 맛에 흠뻑 취한 것도 잠시, 콩을 물에 불려 되직하게 갈아 콩물을 빼내지 않은 '되비지'로 끓인 찌개 앞에선 마주 보고 앉은 이를 잊고 말았다.

평창 한우의 유명세를 확인했습니다.
거기에다 '비지찌개'는
앞에 계시는 김수미 선생님을 잊게 만들었습니다.

방문 날짜 20   .   .   나의 평점 😊😊😊😊😊

방문 후기

항구마차

TEL. 033-534-0690

식당 주소

강원 강릉시 옥계면 금진리 149-3

운영 시간

10:30-16:00
수요일 휴무

주요 메뉴

문어무침
가자미회무침
대게칼국수

엄청난 크기를 자랑하는 동해안 자연산 문어 요리가 주 메뉴. 살아 있는 문어를 삶아 썰어내는 숙회는 양념 없이 그냥 먹어도 자연 간으로 맛있다. 차갑게 식혀 야채와 함께 새콤하게 무쳐내는 문어무침도 별미. 가자미무침과 대게칼국수로도 유명한 집이다.

피문어의 참맛이다.
맹물로만 끓였는데도 단맛이 우러나온다.
죽어서도 인간이 밉지 않더냐.
빨갛게 데친 몸이 흐트러지지 않게 정좌한 네 모습에서
양반의 기개가 느껴지는구나.

방문 날짜 20 . .   나의 평점 🍚🍚🍚🍚🍚

방문 후기

주문진 해물국수

TEL. 033-651-7889

식당 주소

강원 강릉시 성덕포남로188번길 10

운영 시간

전화 후 방문 추천

주요 메뉴

소라찜
가자미조림
골뱅이

식혜, 장아찌 등의 밑반찬에 해조류와 쌈채소가 한 상 가득 주인의 정성과 솜씨를 뽐낸다. 주인공 동해안 소라찜은 쫀득한 식감에 달고 고소한 맛이 일품. 무를 깔고 자작하게 조려낸 '진또배기' 가자미조림은 맛을 보자마자 엄지 척.

수줍은 여인이 슬그머니 내어놓는 가자미조림과 소라찜이 멋지다.
반찬 그릇은 물감을 짜놓은 팔레트로 보인다.

방문 날짜 20 . . 　　　나의 평점 🍚🍚🍚🍚🍚

방문 후기

미경이네횟집

TEL. 033-662-7111

식당 주소

강원 강릉시 주문진읍 해안로 2017-1

운영 시간

10:00-01:00

주요 메뉴

모둠회
매운탕 섭미역국
섭국

활어회 외에 성게비빔밥, 물회, 섭국, 섭미역국이 좋은 집. 섭은 토종 홍합으로, 25년 큰 섭은 어른 손바닥만 한 크기를 자랑한다. 맑고 시원한 국물의 섭미역국과 칼칼하면서도 개운한 섭국은 별미다. 워낙 귀해 좀 비싼 게 흠.

이 집에서 섭국과 섭미역국을 먹지 않으면 섭섭하다.
섭미역국은 '집에서 공부만 하는 애',
섭국은 '지금은 돌멩이 들고 뒷골목 다니지만
나중에 크게 될 놈'이다.
동해의 파도, 바람과 함께 예술을 맛봤다.

방문 날짜 20   .   .   나의 평점 🍚🍚🍚🍚🍚

방문 후기

459

철뚝소머리집

TEL. 033-662-3747

식당 주소

강원 강릉시 주문진읍 철둑길 42

운영 시간

07:00-16:30

둘째, 넷째 목요일 휴무

주요 메뉴

소머리국밥

소머리수육

진한 국물에 소머리 5가지 부위를 푸짐하게 결대로 썰어 넣은 소머리 국밥은 이미 강릉 제일 국밥으로 통한다. 김치, 고추장짱아찌, 열무김치에 명태 아가미를 소금에 절인 서거리깍두기가 전부인 단출한 찬이지만 이 국밥에는 충분하다.

간판이 안 보여서 두 바퀴를 돌았다.
그런데 어떻게들 알고 찾아들 오셨는지 손님이 많다.
이유는 국밥을 먹고 난 뒤 알았다.

방문 날짜 20 . . 나의 평점 😊😊😊😊😊

방문 후기

북청해장국

TEL. 033-662-2359

식당 주소

강원 강릉시 주문진읍 해안로 1760

운영 시간

06:00-19:30

둘째 수요일 휴무

주요 메뉴

홍게찜, 대게찜

게탕, 게볶음밥

고정 관념이 깨지는 것은 한순간이다. 손님이 해산물을 사 오면 돈을 받고 요리를 해주는 식당을 신뢰하지 않았는데, 포 뜨듯 얇게 썰어 단맛은 올리고 식감은 부드럽게 조리한 오징어회에 이 집 내공이 남다름을 느꼈다. 기대 이상의 맛을 보여주는 곳이다.

기대 안 했습니다.
재료 사와서 요리 부탁하는 집의 맛은
기억에 남지 않거든요.
허나, 이 댁은 최고였습니다.

방문 날짜 20 .   .   나의 평점 🍚🍚🍚🍚🍚

방문 후기

오대산내고향

TEL. 033-435-7787

식당 주소

강원 홍천군 내면 구룡령로 6898

운영 시간

10:00-20:00
일요일, 명절 휴무
12월-3월은 전화 예약 필수

주요 메뉴

산채 백반
두부전골
산채비빔밥

깊은 산 속 옹달샘처럼 홍천 산골짜기에 있는 산채 백반집. 개미취, 강활, 눈개승마 등 처음 들어보는 나물 반찬이 밥상 가득 나온다. 게다가 주인이 직접 재배하거나 동네 이웃들로부터 사 오는 나물이라 그 신선함이 남다르다. 각 나물의 특성이 잘 살아 있는 조리법에 입이 즐겁다.

곰취, 강활, 눈개승마, 당귀, 표고,
고비, 산갓, 삼나물, 땅두릅, 개미취.
나물 맛을 느끼고 싶으면 천천히 잡수소.
빨리 잡수면 향 가득한 이 봄이 쉬~ 가버려 슬피 울겠소.

방문 날짜 20   .   .   나의 평점

방문 후기

진토불이

TEL. 033-436-7789

식당 주소

강원 홍천군 화촌면 굴운로75번길
20-5

운영 시간
10:00-16:00

주요 메뉴

고등어두부구이
두부구이
두부전골

상상도 못 한 조리법에 '갸우뚱'하던 고개는, 한 입 먹어보면 '끄덕'으로 바뀐다. 갓 짠 들기름으로 구운 두부와 고등어는 비리지 않고 고소한 맛만 가득해 계속 젓가락질을 부른다. 이틀간 띄운 비지로 만든 비지찌개도 쿰쿰한 내음이 나면서 먹으면 먹을수록 별미.

고등어두부구이.
화장하지 않은 투박한 시골 음식.
이 집의 진가를 느껴야 진정한 음식 고수다.
식객 대부분의 평가가 좋지 않겠지만….
나는….

방문 날짜 20   .   .   나의 평점

방문 후기

467

원미막국수

TEL. 033-435-2961

식당 주소

강원 홍천군 화촌면 가락재로 1274-20

운영 시간

10:00-19:00

주요 메뉴

약밥닭(1-2시간 전 전화 예약 필수)
백숙, 닭볶음탕
도토리묵

황기, 감초, 녹각 등 아홉 가지 귀한 재료를 넣어 만드는 약밥닭. 약밥에는 각종 한약재가 그대로 들어 있지만, 냄새가 강하지 않아 먹기가 좋다. 닭백숙은 쫄깃한 육질이 으뜸. 이 백숙 국물에 약밥을 말아 시원한 강원도 김치 한 점 얹어 먹으면 이만한 몸보신이 없다.

닭이라고 전부 닭이더냐.
'약밥닭'의 닭이 진짜다.
더불어 겨울을 견딘 김장 김치의 깊은 맛은
강원도의 늦봄을 가지 말라 붙잡는구나.

방문 날짜 20 . . 나의 평점 🍚🍚🍚🍚🍚

방문 후기

항포구

TEL. 033-682-1225

식당 주소

강원 고성군 거진읍 거진항1길 13

운영 시간

07:00-20:00

주요 메뉴

산오징어회
오징어순대
매운탕

고성 토박이 주인장이 눈앞에서 오징어를 부위별로 썰어준다. 몸통은 쫄깃해서 씹을수록 단맛이 올라오고, 다리는 단단해 오도독한 식감이 아주 좋다. 지느러미는 부드러우면서 깊은 맛을 내는 게 특징, 새콤하면서 옅은 맛의 물회도 부담 없이 술술 들어간다. 초여름의 특미.

8년 만의 오징어 풍년.
이런 주기라면 10년 만에 오징어 구경할지 모른다.
과거의 흔한 오징어가 아니다.
꼭꼭 씹어먹고 쭉쭉 빨아먹자.

방문 날짜 20   .   .   나의 평점

방문 후기

40년전통
오미냉면

TEL. 033-633-4598

식당 주소

강원 고성군 토성면 아야진해변길 73

운영 시간

10:30-19:00
연중무휴

주요 메뉴

냉면
수육

4대가 이어 오고 있는 함흥식 명태회냉면. 가게에 적힌 방법대로 양념장과 설탕, 식초, 겨자를 넣고 육수를 취향껏 넣으면 함흥냉면이 완성된다. 고구마 전분으로 만든 면발은 탄력이 있고 국물은 간이 잘 되어 있으며, 알맞게 숙성된 명태회도 냉면과 찰떡이다.

할머니, 아들, 손자가 손 맞잡고 맛을 지켜낸다.
이런 집이면 IMF가 두렵겠나,
코로나19가 두렵겠나.

방문 날짜 20   .   .   나의 평점

방문 후기

삼거리
기사식당

TEL. 033-682-4458

식당 주소

강원 고성군 거진읍 대대3길 7

운영 시간
06:00-14:00

주요 메뉴
백반정식(메뉴는 매일 바뀝니다.)

백반정식 하나로 승부를 보는 집. 10,000원에 나오는 십여 가지 반찬들의 전체적인 맛의 조화가 좋다. 고등어조림은 짭조름한 고등어에 투박하게 썰어 넣은 무로 짠맛을 중화시키고, 꽁치조림은 꽁치의 고소한 맛이 살게 감자를 넣는다. 주인장 내공이 만만치 않다.

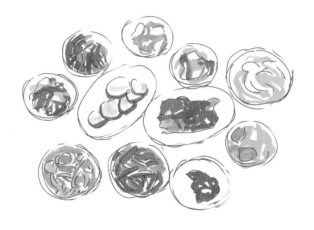

"따지지 말고 주는 대로 드시오잉."

고성에서 영암 사투리 쓰는 주인장 딸마따나 단일 메뉴다.

방문 날짜 20   .   .   나의 평점 😋😋😋😋😋

방문 후기

남경식당

TEL. 070-4205-5959

식당 주소

강원 고성군 토성면 성대로 183

운영 시간

10:00-22:00

라스트 오더 20:00

주요 메뉴

섭국

문어곱창전골

건물 안 유리창으로 보이는 풍경이 웬만한 별장 부럽지 않다. 크기는

작아도 통통한 섭은 예로부터 동해 사람들이 즐겨 먹은 여름 보양식.

강원도답게 고추장과 된장으로 맛을 낸 섭국 속에 부추, 팽이버섯, 숙

주가 풍성하게 들었다. 섭국 안 먹고 동해안을 떠나면 참 섭섭하다.

고성 다녀오는 중이라고? 섭국 자셔 봤나?

아이구, 그걸 안 자셨으면 동해안을 뭣하러 가셨나?

방문 날짜   20   .   나의 평점 🍚🍚🍚🍚🍚

방문 후기

베짱이 문어국밥

TEL. 033-632-1186

식당 주소

강원 고성군 토성면 천학정길 12

운영 시간

09:00-16:00
주말 08:00-16:00
라스트 오더 15:00, 수요일 휴무

주요 메뉴

문어국밥
문어전
문어초회

고성 대문어, 숙주, 밥, 단순한 재료가 내는 풍부한 맛. 게다가 통창 너머로 펼쳐진 바다를 바라보며 먹는 맛이라니.

바다 좋고, 음식 좋고, 주인 품성 좋으니
투덜대는 분은 Out!!

방문 날짜 20   .   .   나의 평점 😊😊😊😊😊

방문 후기

산복소나무 막국수

TEL. 033-682-1690

식당 주소

강원 고성군 거진읍 산북길 32

운영 시간

11:00-19:00

휴식시간 15:00-16:00

첫째, 셋째 화요일 휴무

주요 메뉴

순메밀막국수

편육

밀가루 섞지 않은 100% 메밀면. 처음에는 나온 그대로 메밀 향을 즐기며 먹다가, 중간에 동치미 국물을 넣는 것을 추천한다.

마당의 600년 수령 소나무는 이 집의 파수꾼입니다.
절대 뻘짓거리 할 수 없습니다.

방문 날짜 20 . . 나의 평점

방문 후기

곤드레밥집

TEL. 033-631-3780

식당 주소

강원 속초시 법대로 18-1

운영 시간
10:00-19:30
목요일 휴무

주요 메뉴
곤드레돌솥밥
굴돌솥밥
영양돌솥밥

쌉싸름한 곤드레밥과 다섯 가지 나물 반찬, 집에서 담근 막장으로 끓인 된장찌개의 조합을 더 말해 무엇하랴. 통영에서 올라온 굴로 지은 굴밥도 간장 양념장을 넣고 비벼 먹으니 참 맛깔지다. 배를 채우는 게 아니라 약을 먹는 것 같은 기분이 드는 건강한 밥상이다.

곤드레밥은 다른 곳에도 많지만,
속초의 바다를 배경으로 맛본 곤드레밥은
잠시 시간을 잊게 만들었다.

방문 날짜 20   .   .   나의 평점

방문 후기

88생선구이

TEL. 033-633-8892

식당 주소

강원 속초시 중앙부두길 71

운영 시간
08:30-20:30
휴식시간 15:00-16:30

주요 메뉴
생선구이모둠정식

고등어, 메로, 삼치, 도루묵, 청어 등 아홉 가지 생선을 숯불에 구워 먹을 수 있는 곳. 생선이 석쇠에 들러붙지 않도록 직원들이 알아서 잘 구워주니, 그저 기다리기만 하면 노릇노릇한 생선구이 완성이다. 간이 적절하게 잘 되어 고소하기 그지없으니 밥 한 그릇이 모자라다.

설악산을 내려오던 선머슴은 70살이 넘었는데
이 집 생선구이 맛은 그때 그대로네.
나만 변한 것 같아 서글픔이 드는구나.

방문 날짜 20 . .   나의 평점 🍚🍚🍚🍚🍚

방문 후기

감자바우

TEL. 033-632-0734

식당 주소

강원 속초시 청초호반로 242

운영 시간

09:30-20:00
둘째, 넷째 목요일, 명절 당일 휴무

주요 메뉴

감자옹심이
가자미회덮밥
오징어회덮밥

예로부터 강원도에선 귀한 손님이 오시면 감자옹심이를 만들어 대접했다고 한다. 투명한 색의 옹심이는 쫀득쫀득 씹히고, 국물도 자극적인 맛 하나 없어 부담 없이 술술 들어간다. 먹을 것 귀하던 시절, 우리네 배를 채워주던 감자는 지금도 참 고맙고 맛있는 음식이다.

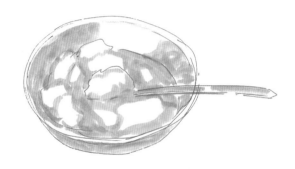

옹심이는 귀한 손님이 오셨을 때 내놓았던 음식이라는데
평소에는 어떤 식사를 했을까?
강원도 밥상은 검소를 가르치네.

방문 날짜 20 . . 나의 평점

방문 후기

강동호식당

TEL. 033-631-2252

식당 주소

강원 속초시 만천1길 4-4

운영 시간

11:00-19:30
휴식시간 15:00-17:00
첫째, 셋째 화요일 휴무

주요 메뉴

물곰탕
생대구탕

어부인 아버지가 잡아 오는 생선과 제철 해산물로 만든 반찬. 진정한
바닷가 밥상이다.

물곰탕,
이거 별로 좋은 음식이 아닙니다.
해장하러 왔다가
'소주 한 병!' 하고 외치기 십상입니다.

방문 날짜 20   .   .   나의 평점 🍚🍚🍚🍚🍚

방문 후기

미가

TEL. 033-635-7999

식당 주소

강원 속초시 신흥2길 41

운영 시간

08:00-16:40
라스트 오더 15:55
목요일 휴무

주요 메뉴

황태구이정식
더덕구이정식

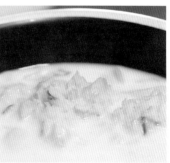

뽀얀 황태국. 황태, 들기름, 맹물이 재료의 전부라는데, 마치 우유 같이 고소하다.

그동안 황태를 좋아했지만
깊은 맛을 느낀 것은 처음입니다.
앞으로 깊이 사랑하겠습니다.

방문 날짜 20   .   .   나의 평점 🍚🍚🍚🍚🍚

방문 후기

갓냉이국수

TEL. 033-458-3178

식당 주소

강원 철원군 서면 자등로 611

운영 시간
10:00-22:00
휴식시간 14:00-17:00

주요 메뉴

갓냉이한우버섯전골 국수 정식

톡 쏘는 맛이 갓과 비슷한 '갓냉이'는 '산갓', '는쟁이냉이'라고도 불리며, 혀를 바늘로 콕콕콕 찌르는 듯한 맛이 새롭다. 그래서인지 갓냉이국수 국물은 일반 동치미보다 더 시원하고 달큼하다. 게다가 한우버섯전골의 고기 한 점까지 얹어 먹으면, 철원까지 달려온 보람이 있다.

갓도 아닌 것이, 냉이도 아닌 것이
둘이 합치니 존재감 드러나네.
한탄강의 숨겨진 비경처럼
철원의 숨겨진 보석이었네.

솔향기

TEL. 033-455-9259

식당 주소

강원 철원군 동송읍 금학로 31-10

운영 시간

11:40-21:00
휴식시간 15:00-17:00
월요일 휴무

주요 메뉴

손만두버섯전골
손칼국수버섯전골
야채죽

이북과 가까워서 그럴까, 음식에서 북쪽의 맛이 넌지시 드러난다. 직접 빚은 손만두에는 독특하게도 채 썬 무가 들어가는데, 이북 출신 조부모의 방식을 주인장이 그대로 따랐다고 한다. 만두는 살짝 매콤하면서 단맛이 뒤에 올라오고, 전골 국물은 자극적이지 않아 좋다.

손만두버섯전골도 좋았지만,
그 뒤에 만난 죽은 ART였다!!

방문 날짜 20   .   .   나의 평점 🍚🍚🍚🍚🍚

방문 후기

노루목
상회식당
TEL. 033-374-2738

식당 주소

강원 영월군 김삿갓면 김삿갓로
216-3

운영 시간
06:00-18:00

주요 메뉴
도토리묵밥
도토리무침
감자전

80세가 넘은 노부부가 40년 내공으로 선보이는 뜨끈한 도토리묵밥.

이 작은 그릇에 김치와 다진 고추장아찌, 도토리묵까지 별의별 맛이

다 들어 있다. 그러면서도 도토리의 떫은맛은 사라지지 않고 제대로

나니 전체적인 조화가 아주 좋다. 감자전도 놓쳐서는 안 될 메뉴.

감자전, 묵밥도 좋지만
노부부의 인생이 더 맛깔지다.

방문 날짜 20   .   .   나의 평점 😋 😋 😋 😋 😋

방문 후기

쌍용집

TEL. 033-372-5139

식당 주소

강원 영월군 한반도면 쌍용로 176-2

운영 시간
10:30-20:00
월요일 휴무

주요 메뉴
불고기
백반 정식

서울식도, 강원도식도 아닌 이 집만의 특색이 고스란히 담긴 불고기 한 상. 동그란 판의 가운데 볼록하게 솟아 있는 부분에는 불고기를 올리고, 움푹 패여져 있는 부분에는 비밀 육수를 붓는다. 불고기 위로 육수를 조금씩 끼얹어 가며 먹는데, 뭐라 더 말할 것 없이 맛있다.

불고기는 삼 일 숙성시킨다는 것뿐,
육수 만드는 방법을 못 들은 척하고 맙니다.
나도 남의 비밀 캐는 탐정이 아닌지라
그러려니 하고 넘겼습니다.

방문 날짜 20 .   .   나의 평점 🍚🍚🍚🍚🍚

방문 후기

장릉보리밥집

TEL. 033-374-3986

식당 주소

강원 영월군 영월읍 단종로 178-10

운영 시간

11:30-18:00

주요 메뉴

보리밥
도토리묵
더덕구이

주문 즉시 무친 나물을 감자 들어간 보리밥에 넣고 슥슥 비벼 먹는다.

바로 무쳐서 그런지 나물이 아삭아삭한 것이, 꼭 방금 뜯어온 것처럼

신선한 느낌이다. 된장찌개는 덩어리가 씹히면서 구수하니 딱 옛날

에 먹던 그 맛. 정말로 어머니 생각이 안 날 수가 없는 밥상이다.

장릉에 누워 계신 단종께서는 이 맛을 보셨나이까.

90세 할머니의 살아 있는 밥상이 여기 있사옵나이다.

방문 날짜 20   .   .   나의 평점 🍚🍚🍚🍚🍚

방문 후기

소소반

TEL. 033-342-3541

식당 주소

강원 횡성군 서원면 옥계9길 119

운영 시간
06:00-20:30

주요 메뉴

매운송아지갈비

502

'백반의 완결판'. 백반 기행 4년 동안 만난 식당 중에서 이 집은 순위권에 드는 곳이다. 칡 잎을 수저 받침으로 쓰는 센스부터 손님 나이대에 따라 달라지는 반찬, 재료 맛 살아 있는 메인 요리까지 뭣하나 빠지는 게 없다. 사장님, 이 동네에 빈집 없습니까? 이사 와야겠습니다.

음식은 여행이자 길이고 연인이다.
조그만 시골 마을에서 만난 곳.
콜럼버스가 신대륙을 발견했을 때에도
이렇게 벅찬 기분은 아니었을 것이다.

방문 날짜 20   .   .   나의 평점 🍚🍚🍚🍚🍚

방문 후기

이리가든

TEL. 033-344-3839

식당 주소

강원 횡성군 서원면 석화이리길 25

운영 시간

11:00-20:00

주요 메뉴

순두부
두부찜
능이닭백숙

어머니가 하시던 옛 방식 그대로 두부를 만드는 곳. 투박하면서도 단단하고, 잔잔하면서도 구수한 모두부는 세월 속 때 묻은 나를 정화하는 맛이다. 들기름 심하게 들어간 두부찜은 처음엔 과한 것 아닌가 걱정스러웠지만, 끓이다 보니 극강의 고소함만 남아 모든 의심을 잠재웠다.

오염된 인간 허영만이
두부로 씻겨질 줄이야~~

방문 날짜 20   .   .   나의 평점 🍚🍚🍚🍚🍚

방문 후기

단양면옥

TEL. 033-671-2227

식당 주소

강원 양양군 양양읍 남문6길 3

운영 시간

11:00-20:00
라스트 오더 19:15
월요일 휴무(4, 9, 19, 29일 제외)

주요 메뉴

물막국수
수육

《식객》취재 차 방문했던 식당. 얇게 썰어 기름기 쫙 빠진 수육은 말 못할 다른 거라도 넣고 삶았나 싶을 정도로 고소하기 그지없다. 여기에 곁들이는 가자미회무침은 얼마 남지 않은 느끼함마저 없애버리는구나. 심심하면서 고소한 국물 자랑하는 물막국수는 중독성이 심각하다.

밥그릇에 선을 긋고 적게 먹어야겠다 각오했는데
이 국물을 들이키고선 물막국수를
한 그릇 비우고 말았습니다.
절식은 다음에…

방문 날짜 20 . .　　나의 평점 😋😋😋😋😋

방문 후기

성도횟집

TEL. 033-671-7475

식당 주소

강원 양양군 현남면 안남애길 51

운영 시간

11:00-20:00

전화 예약 필수

주요 메뉴

참가자미세꼬시

100% 예약제로 자연산 낚시 가자미만 쓰는 곳. 감히 '아름다운 맛'이라고 말하고 싶다.

양양 남애항에 다시 올 이유가 생겼습니다.
이 집의 세꼬시와 어죽 때문입니다. 꿀꺼억….

방문 날짜 20   .   .   나의 평점 🍚🍚🍚🍚🍚

방문 후기

시골

TEL. 033-521-0163

식당 주소

강원 동해시 지양길 9

운영 시간

11:00-15:00
일요일 휴무

주요 메뉴

옹심이, 칡전병
칡부침, 칡만두국

직접 캔 칡을 갈아 만든 반죽에 배추와 참나물 올려 만든 칡부침. 주인장 비법이 더해져 쫄깃쫄깃한 식감이 참 재미지다. 정선 갓김치가 들어간 칡전병은 여기 사람들만 아는 별미 중의 별미. 즉석에서 감자를 갈아 20분 기다려야 맛볼 수 있는 감자옹심이는 강원도 음식의 진수다.

파랗고 힘찬 동해 바다와 함께
칡, 메밀, 감자는
강원도를 소박한 곳으로 지키는 힘이었겠다.

방문 날짜 20   .   .   나의 평점

방문 후기

511

동해바다
곰치국

TEL. 033-532-0265

식당 주소

강원 동해시 일출로 179

운영 시간
06:30-18:30

주요 메뉴

곰칫국

이 녀석을 실제로 봐야 왜 '물곰'이라 칭하는지 알 수 있다. 물에서 사는 곰처럼 커다란 덩치의 곰치를 듬성듬성 잘라 김치만 넣고 시원하게 끓였다. 칼칼하지만 자극적이지 않은 국물은 해장이 절로 되는 맛. 물컹물컹 흐물흐물한 살은 숟가락으로 후루룩 먹어야 제맛이다.

물곰 어획량이 계속 줄어든다는데
환경 개선에 도움이 되어야겠다는
뜬금없는 생각을 합니다.
우리 모두 맑고 건강한 바다를 지켜야 할 때입니다.

방문 후기

부흥횟집

TEL. 033-531-5209

식당 주소

강원 동해시 일출로 93

운영 시간

10:30-20:00

첫째 일요일, 셋째 월요일 휴무

주요 메뉴

모둠회

물회

대구탕

수족관이 없는 횟집이라니. 이 집은 수조를 두지 않고 매일 아침 어판장에서 입찰한 고기를 받아와 바로 손질해 내놓는다. 그 덕에 신선한 회에서만 느낄 수 있는 단맛이 풍부한 것이 장점. 투박하고 묵직한 장맛이 인상 깊은 물회도 놓치지 말아야 할 메뉴다.

역사는 어디서 그냥 건져지는 것이 아닙니다.
산물과 정성과 기교가 뭉쳐야만 가능합니다.

방문 날짜 20   .   .   나의 평점

방문 후기

삼송갈비

TEL. 033-522-4077

식당 주소

강원 동해시 송정로 39

운영 시간

16:00-21:00

일요일 휴무

주요 메뉴

돼지갈비

물갈비가 뭔가 했더니 '물에 잠긴 돼지갈비'를 뜻하는 말이란다. 홍건한 양념과 함께 나온 갈비를 7, 8분 동안 졸이면, 양념이 고기 깊숙이 달라붙어 다른 모습으로 변신한다. 생각보다 달지 않고 살짝 매콤한 양념은 시어머니 방식. 중간에 마늘이나 고추를 넣어 먹어도 좋다.

동해식 물갈비 손주들이 뜯는 걸 보는
할아버지의 흐뭇한 미소가 엿보입니다.

방문 날짜 20 . .   나의 평점 🍚🍚🍚🍚🍚

방문 후기

경기돌섬횟집

TEL. 033-535-6865

식당 주소

강원 동해시 일출로 161

운영 시간

10:00-22:00

주요 메뉴

물회

대게찜

상을 장식하는 제철 반찬. 야들야들한 활어에 새콤달콤한 양념 육수를 부어 먹는 물회가 사라진 입맛을 되찾아 주었다.

하늘은 찌뿌둥한데 이 집 물회는 화창한 맛입니다.
(이거 말 됩니까?)

방문 날짜 20   .   .   나의 평점

방문 후기

구와우
순두부식당

TEL. 033-554-7223

식당 주소

강원 태백시 구와우길 49-1

운영 시간

11:00-15:00
일요일 휴무

주요 메뉴

순두부

산골짜기 한가운데 무슨 깡다구로 식당을 내셨나. 게다가 메뉴는 순두부 하나에 하루 80그릇 한정. 그럼에도 다들 어찌 알고 찾아오는지, 벽면엔 이미 손님들이 남기고 간 쪽지가 한가득하다. 하지만 갓 만들어 보들보들한 순두부 한 입이면 '아~ 이래서 오는구나' 한다.

태백 산골에서 이런 집을 만났으니
저 높은 산인들 내 발길을 막을쏘냐.
어서 가자, 내 님 기다리는 곳으로….

방문 날짜 20 . . 나의 평점 🍚🍚🍚🍚🍚

방문 후기

한밭식당

TEL. 033-552-3160

식당 주소

강원 태백시 먹거리길 91

운영 시간

10:00-20:00

주요 메뉴

산나물가마솥밥

사방이 산으로 둘러싸인 곳답게 찔뚝발이(눈개승마), 궁채, 엄나무 순, 다래 순 등 태백다운 반찬이 수줍게 상을 채운다. 여기에 강원도 밥상이라면 빠져서는 안 되는 가자미식해와 어수리, 곤드레, 참취 넣은 가마솥밥까지. 어디 가서 태백을 다 맛봤다고 해도 과언이 아니다.

밥은 말할 것 없고 조선간장에 쪽파 넣은 양념장에
어머니가 앞에 나타나셨다.

나의 평점

방문 후기

현대실비식당

TEL. 033-552-6324

식당 주소

강원 태백시 시장북길 11

운영 시간

11:00-21:30
월요일 휴무

주요 메뉴

한우모둠
육사시미
선지해장국

실비란, '실제로 드는 비용'을 줄인 말로 산지 특혜로 저렴하게 고기를 먹을 수 있는 식당을 부르는 말이다. 산지라서일까? 고기에서 어떻게 이리 풍부한 육즙이 나올 수 있나 놀라고 말았다. 여러분, 허영만 오버한다 생각하지 마십시오. 가만히 있으면 죄짓는 맛입니다~.

이걸 먹고 사랑에 빠졌다.

방문 날짜   20   .   .   나의 평점 ◉ ◉ ◉ ◉ ◉

방문 후기

낙타민박

TEL. 033-442-0554

식당 주소

강원 화천군 화천읍 비수구미길 944

운영 시간

전화 예약 필수

주요 메뉴

산채비빔밥

모터 보트를 타야만 갈 수 있는 곳(호수가 얼면 걸어서 갈 수 있음). 보트 이용료는 따로 내야 한다.

강 건너 누가 살고 있는가.
기척 없는 비수구미
향기로운 나물이 외로움을 덜어 주네.

TEL. 033-442-2856

식당 주소

강원 화천군 화천읍 산수화로 91

운영 시간

11:00-14:00
주말 휴무

주요 메뉴

콩탕
사골손만둣국

가정집 같은 식당 분위기. 강원도식 반찬과 강된장, 콩탕, 만둣국이
옛 맛 그대로를 간직하고 있다.

백반기행의 못된 점은
음식이 맛있어도 남길 수밖에 없다는 고통입니다.
다음 집에 가서 촬영하면서 또 먹어야 하니까….

방문 날짜	20	.	.	나의 평점	

방문 후기

삼호가든

TEL. 033-441-8292

식당 주소

강원 화천군 사내면 문화마을1길 14

운영 시간

10:30-21:30

일요일 휴무

(7월 초부터 말복까지는 무휴)

주요 메뉴

깨죽삼계탕

들깨죽같이 구수한 깨죽삼계탕. 비법은 세 번 삶은 닭발 육수와 껍질 벗긴 들깨란다.

화천의 유일한 삼계탕집입니다.
닭을 품고 있는 들깨죽이 일품인데
닭고기는 씹을 것이 없을 정도로 부드럽습니다.

방문 날짜	20 . .	나의 평점	

방문 후기

처음처럼

TEL. 033-481-0103

식당 주소

강원 양구군 양구읍 양록길23번길 12-6

운영 시간

11:00-22:00
라스트 오더 20:30
일요일 휴무

주요 메뉴

매운등갈비

수북하게 쌓인 양파가 익으면 익을수록 또 다른 맛이 난다. 강원도 칼바람 이기는 화끈한 등갈비다.

순한 맛 등갈비 정복!
다음엔 중간 매운맛으로 도전!

방문 날짜 20   .   .   나의 평점 🍚🍚🍚🍚🍚

방문 후기

백토미가

TEL. 033-481-5287

식당 주소
강원 양구군 방산면 장거리길 17

운영 시간
10:30-21:00
월요일 휴무
전화 후 방문 추천

주요 메뉴
시래기소불고기
시래기돌솥비빔밥

억센 껍질 일일이 간 시래기, 3년 숙성 집 된장과 고추씨를 넣어 구수하고 칼칼한 불고기.

와~

양구에서 살고 싶다~~.

방문 날짜 20   .   .   나의 평점 😋😋😋😋😋

방문 후기

전주식당

TEL. 033-481-7922

식당 주소

강원 양구군 양구읍 비봉로 91-23

운영 시간

09:00-21:00
월요일 휴무

주요 메뉴

촌두부전골
두부구이

50년간 오로지 장작불 두부만 고집해 왔다. 하루에 한 가마솥, 딱 두 판만 만든다니 늦지 않게 가시길!

강원도 하면 역시 두부~~.
양구 속의 전주지만 전혀 생뚱맞지 않습니다.

방문 날짜 20 . .   나의 평점

방문 후기

산능이본가

TEL. 033-591-2483

식당 주소

강원 정선군 사북읍 소금강로 3614

운영 시간

10:30-20:30
휴식시간 14:00-17:00
(재료 소진 시 조기 마감)

주요 메뉴

곤드레밥

매일 산을 타며 나물을 따는 주인장. 신선한 맛을 위해 하루에 네 번씩 나물을 무친다고 한다.

눈이 번쩍! 꽁치곤드레조림!
걱정스럽다.
이 시간 이후 다른 밥상이 눈에 찰까?

회동집

TEL. 033-562-2634

식당 주소

강원 정선군 정선읍 5일장길 37-10

운영 시간

09:00-18:00

수요일 휴무

(장날일 경우 목요일 휴무)

주요 메뉴

모둠전

콧등치기국수

올챙이국수

상에 오르는 건 다 직접 만든단다. 반세기 동안 강원도 맛의 진수를
보여준 곳.

배추전 냄새 따라 들어왔는데
강원도의 맛이 기다리고 있었습니다.

방문 날짜 20 . .   나의 평점 😊😊😊😊😊

방문 후기

회산막국수

TEL. 033-766-3390

식당 주소

강원 원주시 원문로 336

운영 시간

11:00-21:00
휴식시간 15:00-17:00
라스트 오더 20:00

주요 메뉴

흑돼지보쌈
코다리막국수

메밀전병에 싸 먹는 흑돼지보쌈. 자극적이지 않고 부드러운 맛이 꼭 양반집에서 먹는 음식 같다.

원주의 미래!

방문 날짜 20 . .   나의 평점 🍚🍚🍚🍚🍚

방문 후기

대전·충청 밥상

소나무집

TEL. 042-256-1464

식당 주소

대전 중구 대종로460번길 59

운영 시간

11:30-21:00
휴식시간 15:30-17:30
첫째, 셋째 월요일 휴무

주요 메뉴

오징어찌개
두부 부침

대전의 대표 맛 총각무 오징어찌개. 단일 메뉴로 60년을 이어온 이 집은 한마디로 강렬하다. 남은 국물에 칼국수까지 먹어야 제대로다.

강렬한 대전의 맛. 영업한 지 60년.

메인 메뉴인 오징어찌개는 알타리무의 군내로부터 시작한다.

그 냄새가 이 집에 들어서면서부터 코를 찌른다.

맨입으로 알타리 짠지를 먹으면 아주 힘든 맛인데

찌개에 섞어 끓이면 신맛과 떫은맛과 군내가 섞여서

묘한 맛을 연출한다.

단맛도 있다.

어떤 음식보다 강렬한 뒷맛을 기억할 것이다.

방문 날짜 20   .   .   나의 평점

방문 후기

형제집

TEL. 042-256-6474

식당 주소

대전 중구 대흥로175번길 34

운영 시간

11:30-22:00
첫째, 셋째 월요일 휴무

주요 메뉴

연탄 불고기

절도 있는 손동작으로 연탄불에서 돼지를 구워내는 사장님의 손길에서 고수의 풍미를 느낀다. 잘 구워진 고기를 비법 간장에 찍으면 반주 생각이 절로 난다.

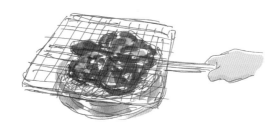

55년 역사의 형제집은 돼지고기 연탄구이를 고집한다.

가스 위의 무쇠 판 위 고기에 없는 불 맛을 내기 위해서다.

약간 달긴 해도 불편할 정도는 아니다.

연탄! 하면 생각나는 것은 연탄가스다.

벌어진 방바닥 틈으로 연탄가스가 새 나와

많은 사람들이 생을 중단했다.

세상살이는 항상 위험하다.

방문 날짜 20   .   .   나의 평점 🍚🍚🍚🍚🍚

방문 후기

대전갈비집

TEL. 042-254-0758

식당 주소

대전 중구 대전천서로 419-8

운영 시간

11:00-22:00

주요 메뉴

돼지갈비
콩나물돌솥밥

1인분에 12,000원이라는 저렴한 가격과 훌륭한 맛으로 45년간 대전 시민들의 마음을 사로잡았다. 명색이 양념갈비인데 색이 하얘 맛이 의심스러웠지만, 달지 않은 데다가 구수한 고기 맛에 엄지를 올리게 된다. 콩나물돌솥밥도 겸손한 간이 특징. 간은 약할지라도 여운은 길다.

45년은 고스톱으로 생긴 세월이 아닙니다.
100년을 향하여 쓰리 고! 포 고! 텐 고!

방문 날짜 20 .   .   나의 평점 🍚🍚🍚🍚🍚

방문 후기

경동
오징어국수

TEL. 042-626-5707

식당 주소

대전 동구 계족로 369

운영 시간

10:30-21:00
일요일 휴무

주요 메뉴

족발양념구이
두부오징어두루치기
두부오징어국수

빨간 양념족발이 풍기는 매운 향에 공포감이 엄습했다. 하지만 '어라?' 생각보다 맵지가 않다. 공격적이지 않고 부드럽게 접근하는 매운 맛에 자꾸만 족발에 손이 간다. 두부오징어두루치기는 각 재료가 좋은 동네 이웃들처럼 어우러지는 맛. 이곳 사장님 성품과 비슷한 것 같다.

삶고, 굽고, 또 굽고, 볶은
달콤 매콤 족발양념구이.
식사 끝날 때까지 술은 왜 그리 고픈지요~~

방문 날짜 20   .   .   나의 평점 🍚🍚🍚🍚🍚

방문 후기

매봉식당

TEL. 042-625-3345

식당 주소

대전 대덕구 계족로664번길 113

운영 시간

11:00-21:00
휴식시간 15:00-17:00(주말 16:00-17:00), 월요일 휴무

주요 메뉴

고기품은두부전골

밀가루 못 먹는 자식들을 위해 두부를 만두피 대신 썼단다. 엄마의 사랑이 담긴 음식이다.

필요는 진화의 기본이다.

방문 날짜 20   .   .   나의 평점 🍚🍚🍚🍚🍚

방문 후기

산막골가든

TEL. 042-585-2475

식당 주소

대전 서구 장안로 772-62

운영 시간

11:00-15:00
일요일 12:10-15:00

주요 메뉴

생돼지모둠
생삼겹살

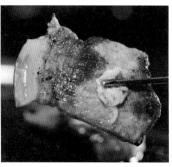

주인이 직접 사육한 돼지만 쓰는 곳. 1년 이상 키워서 출하해, 육질이
단단하고 쫄깃한 게 특징이다.

돼지고기 고소한 맛,
장태산 골짜기를 뒤흔드네~.

방문 날짜 20   .   . 　　　 나의 평점

방문 후기

회랑

TEL. 042-523-3245

식당 주소

대전 서구 제비네4길 9

운영 시간

11:30-21:00

일요일 휴무

주요 메뉴

청국장백반

옷을 정갈하게 입고 요리해야 제대로 된 음식이 나온다는 주인장. 그 마음가짐을 닮았는지 20가지 넘는 반찬 모두 정갈하고 담백하다. 청국장은 냄새가 심하지 않고 구수한 향이 나며, 호박순 등 계절 재료를 넣어 맛을 살렸다. 아, 다음 집 안 가고 여기 눌러앉으면 안 되나~.

여보시게, 인자 가을걷이 싹 다 끝냈지이.

여기 안 오시고 뭐 하시나.

방문 날짜 20 . .   나의 평점 🍚🍚🍚🍚🍚

방문 후기

가마골쉼터

TEL. 043-422-8289

식당 주소

충북 단양군 가곡면 새밭로 547-8

운영 시간
11:30-19:00
휴식시간 15:00-17:00

주요 메뉴
들깨 감자 옹심이, 감자전
찜닭, 닭볶음탕(전화 예약 필수)

주문을 하면 감자를 바로 깎아 감자 녹말에 반죽해 쑥칼국수와 함께 끓여내는데 쫀득하게 맛있다. 황태를 넣은 시원한 맛이 포인트.

감자 수제비, 쑥국수, 황태, 들깻가루를 넣고 끓였다.
저 멀리 논두렁에 삽 들고 가는 농부랑
가끔 지나가는 차가 이 집 손님일 텐데
내륙 지방 음식의 진수를 맛보았다.

방문 날짜	20 . .	나의 평점	🍚🍚🍚🍚🍚

방문 후기

제천시락국

TEL. 043-642-0207

식당 주소

충북 제천시 의림대로2길 16

운영 시간

06:00-19:00
휴식시간 13:30-17:00
월요일 휴무

주요 메뉴

시래기밥
시래기국
콩국수

푹 삶은 시래기를 바로 지은 밥과 들기름에 한번 볶은 시래기밥에 깨를 듬뿍 뿌려 맛을 더했다. 시래기국은 멸치 황태 기본 육수에 큼지막한 가자미를 넣어 시원함을 배가했다. 장아찌 모둠이 특별하다.

지금껏 먹었던 시래기 요리와 차원이 다르다.
유명 요리 학교를 나왔다고 자랑 마라.
졸업장 없는 내륙의 촌부가 만들어낸
이 맛은 형식을 넘어선 감각이다.
예술이다.

방문 날짜 20   .   .   나의 평점 😋😋😋😋😋

방문 후기

시골순두부

TEL. 043-643-9522

식당 주소

충북 제천시 중말8길 22

운영 시간

09:00-15:00

일요일 휴무

주요 메뉴

두부찌개

산초 두부구이

매일 새벽마다 직접 만드는 흰 순두부는 양념간장을 넣어 심심하게
먹고, 고춧가루를 넣어 칼칼하게 먹는 두부찌개는 고기 한 점 들어가
지 않아도 묵직한 맛이 있다. 산초기름에 구운 두부가 하이라이트.

동네 깊숙한 곳에 깊은 맛이 있었다.
이 집의 두부 요리 중에서는 두부찌개가 압권이다.
제발 영업 잘된다고 시내로 나가지 말길···.

방문 날짜 20 .   .   나의 평점 🍚🍚🍚🍚🍚

방문 후기

대추나무집

TEL. 043-644-3489

식당 주소

충북 제천시 의병대로12길 15

운영 시간

12:00-20:30

하루 전 전화 예약 필수

주요 메뉴

소고기로스정식

120년 된 고택에 메뉴는 소고기정식 하나. 거무노리(묏미나리), 비름, 뽕잎, 당귀, 머위 등 상을 가득 채운 나물에서 최소한으로 양념을 한 주인장의 섬세한 손길이 느껴진다. 녹두, 콩, 수수 등 13가지 잡곡밥과 들기름으로 구운 소고기, 마지막 오징어찌개까지 모두 A+다.

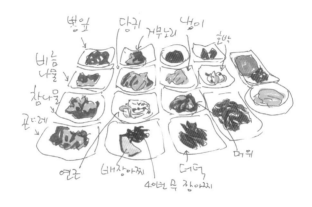

빈틈 없는 건강 밥상.
40년 묵은 무장아찌와
40년 묵은 간장은 이 집의 토대.

방문 날짜 20 . . 나의 평점

방문 후기

의림만두국

TEL. 043-646-0879

식당 주소

충북 제천시 명륜로6길 7

운영 시간

11:00-20:00
토요일 11:00-17:00
일요일 휴무 (재료 소진 시 조기 마감)

주요 메뉴

닭칼만
만둣국
칼국수

충청도 이미지의 반전이다. 용암 같은 빨간 국물 속에서 닭, 칼국수, 만두가 보글보글 끓고 있다. 화끈한 매운맛에 입김을 내뿜으면서도 국물로 향하는 숟가락을 멈출 수 없다. 두꺼운 칼국수 면발, 생배추 씹히는 만두, 쫄깃한 닭까지 골라 먹는 재미가 쏠쏠하다. 볶음밥도 필수!

충청도 사람들 뒤끝이 있었나요.
세상에 법 없이 살아가는 분들인 줄 알았드만
무지 맵습니다~~〉.〈

* 정준하 씨 극찬

방문 날짜 20   .   .   나의 평점 😊😊😊😊😊

방문 후기

석이네 숯불구이

TEL. 043-642-7879

식당 주소

충북 제천시 의림대로31길 16

운영 시간

16:00-22:00

일요일 휴무

주요 메뉴

LA갈비

돼지모둠

고추장삼겹살

이 정도면 고깃집이 아니라 불판 있는 한정식집이 아닌가. 가지튀김, 고구마생채, 돼지껍데기 등 개성 넘치고 사장님 손맛 가득한 12가지 반찬이 상을 채운다. 반찬이 푸짐해서 고기 추가가 안 들어온다며 웃는 사장님 인심이 참 정겹다. 물론 메인 메뉴인 돼지고기도 엄지 척.

고기 좋고 반찬은 더 좋은 집.
정이 넘치고 맛이 넘쳐서 제천의 멋을 느꼈습니다.

방문 날짜 20 . . 나의 평점 🍚🍚🍚🍚🍚

방문 후기

삼정면옥

TEL. 043-847-4882

식당 주소
충북 충주시 관아3길 21

운영 시간
11:00-21:00
라스트 오더 20:30
월요일 휴무

주요 메뉴
편육, 수육
물냉면, 비빔냉면

투박한 모양새의 평양냉면. 그러나 고기 맛 진하게 나는 육수와 메밀 향 풍부한 면발을 맛보면 제대로 된 평양냉면을 만났음을 알 수 있다.

오이채 듬뿍 넣은 소고기편육은 새콤한 냉채처럼 별미고, 돼지고기 수육은 살살 녹는 비계 맛에 짜증이 날 정도로 맛있다.

가지런하지 않고 신발인 면발인데 맛은 빠지지 않는구나.

그 옆에 마즘 나온 이것….

송주에 다시오면 돼지고기수육 때문이로세.

방문 날짜 20 . .   나의 평점 🍚🍚🍚🍚🍚

방문 후기

올뱅이식당

TEL. 043-845-2155

식당 주소

충북 충주시 신대1길 1

운영 시간

11:00-20:00

일요일 휴무

주요 메뉴

올갱이해장국

올갱이무침

충주 사람들의 자랑인 올갱이(다슬기). 이 올갱이를 일일이 손으로 까삶은 뒤, 부드러운 아욱을 넣고 끓이면 올갱이해장국이 된다. 특히 이집은 삶은 올갱이에 달걀옷 반죽을 입혀 끓이기에 쓴맛이 강하지 않은 것이 특징. 올갱이를 처음 먹는 사람들에게도 추천할 만하다.

올갱이 살을 바늘로 빼내는 두 자매의 노고는
아욱과 함께 최상의 올갱이국을 만든다.
밥이 없어도, 반찬이 없어도 올갱이국 한 그릇이면
오늘 하루 부족함이 없겠다.

방문 날짜 20   .   .   나의 평점 😋😋😋😋😋

방문 후기

드림횟집

TEL. 043-851-0083

식당 주소
충북 충주시 살미면 팔봉향산길 374

운영 시간
11:30-20:30
월요일 휴무

주요 메뉴
송어회
향어회
메기매운탕

여러 채소 고명과 특제 초고추장, 콩가루를 넣고 비벼 먹는 송어회. 신선한 송어회는 비린내가 전혀 없으며, 식감이 아주 좋다. 그러나 초고추장을 즐기지 않는 나로서는 송어매운탕이 제격. 수제 고추장과 송어의 기름진 맛이 제대로 어우러져 깊은 맛이 일품이다.

주연, 조연 따지지 마라.
송어회는 송어매운탕을 위한 조연이었다.

방문 날짜 20   .   .   나의 평점

방문 후기

수영식당

TEL. 043-844-5781

식당 주소

충북 충주시 상방12길 11

운영 시간

17:00-22:00
일요일 휴무

주요 메뉴

돼지두루치기
막창전골
오징어볶음

부모님 가게를 물려받은 딸과 사위가 운영하는 식당. 넘칠 듯한 국물과 양파를 듬뿍 넣은 돼지두루치기는 그 맛이 제대로 나려면 20분 정도 졸여야 한다. 완성된 두루치기는 제법 매콤해 소주가 당기는 맛. 음식도 느긋이 기다려야 제맛을 내니, 역시 충청도 스타일이다.

돼지두루치기를 1시간 볶아야 한다.
충청도는 기다림인가.
맛은 마술을 부린 듯하다.
안주도, 술도 다 덤벼!

방문 날짜 20 . .   나의 평점 🍚🍚🍚🍚🍚

방문 후기

할머니집

TEL. 043-536-7891

식당 주소
충북 진천군 이월면 화산동길 18

운영 시간
11:00-21:00
휴식시간 14:30-16:10
화요일, 명절 당일 휴무

주요 메뉴
오리목살참숯구이
오리목살짜글이

오리 한 마리에서 두어 점 정도 나오는 귀한 부위인 오리 목살. 어떻게 이런 부위까지 먹을 생각을 했나 싶지만, 막상 먹어 보면 쫄깃한 식감에 기름기 없이 담백하니, 왜 이 맛을 잊지 못하는 사람들이 있는지 알겠다. 맛을 알아 버렸으니 어쩌나. 오리야, 앞으로 미안하다!

영하 17도 진천의 골짜기에
왜 왔나 싶었드만
이유는 오리목살구이엿슙니다.

방문 날짜 20   .   .   나의 평점 🍚🍚🍚🍚🍚

방문 후기

농민쉐프의 묵은지화련

TEL. 010-7477-3974

식당 주소

충북 진천군 덕산읍 이영남로 73

운영 시간

09:00-20:30
월요일 휴무

주요 메뉴

묵은지갈비전골
셰프의 반상
홍어 삼합

묵은지갈비전골은 상에 나오고 20분 정도 더 끓여야 제맛이 난다. 걸쭉한 국물은 깊은 맛이 제대로 우러났고, 갈빗살은 야들야들하니 씹을 것도 없다. 무엇보다 이 전골의 하이라이트는 10년 된 묵은지. 빠닥빠닥한 식감에 오묘한 향까지, 기품이 느껴지는 맛이다.

저 멀리 산 너머 기와집 굴뚝에 연기 나는 것 보이시나.

빨리 가 보시게.

자네를 기다리는 여인의 밥상이 식기 전에.

방문 날짜 20 .   .   나의 평점

방문 후기

동정리
보경가든

TEL. 043-743-4567

식당 주소

충북 영동군 영동읍 동정로2안길 9-1

운영 시간

11:00-20:00
일요일 휴무

주요 메뉴

청국장, 시래기
한방오리백숙, 오리주물럭

청국장과 두부만 넣고 끓인 영동식 청국장은 들어간 재료는 단출하나 맛은 아주 깊다. 슬쩍 나는 쿰쿰한 냄새도 정겹고, 어릴 적 메주 띄우던 날에 한 움큼씩 집어 먹던 그때의 콩 맛이 나서 참 좋다. 여기에 고추 양념장을 넣어 매콤하게 즐기는 것도 좋은 방법이다.

달고 꼬신 두부가 들어간 청국장은
육고기를 넣지 않은 내륙의 고집스런 맛.
해는 서산을 넘는데 일어설 줄 모르네.

방문 날짜 20 . .   나의 평점 🍚🍚🍚🍚🍚

방문 후기

갑돌갈비

TEL. 043-744-1268

식당 주소

충북 영동군 영동읍 계산로2길 5-23

운영 시간

11:30-21:00

휴식시간 14:00-17:00

월요일 휴무

주요 메뉴

갑돌(고추장) 갈비

갑순(간장) 갈비

돼지생갈비

100년 된 한옥의 반듯한 모양새가 먼저 눈길을 사로잡는 곳이다. 이 집의 고추장갈비와 간장갈비는 양념을 했나 싶을 정도로 멀건 색깔에, 그 향도 강하게 느껴지지 않는다. 그렇지만 씹으면 씹을수록 고추장과 간장 맛이 은은하게 올라와 입에 퍼지는 것이 훌륭하다.

돼지의 오돌뼈가 이런 것이었나요?
그동안 지나쳤던 부위의 맛을 알아 버렸습니다.

방문 날짜 20   .   .   나의 평점 🍚🍚🍚🍚🍚

방문 후기

신라식당

TEL. 043-544-2869

식당 주소
충북 보은군 보은읍 교사삼산길 40

운영 시간
10:30-21:00
라스트 오더 19:30
셋째 일요일 휴무

주요 메뉴
북어찌개정식

역시 관공서 맛집! 주인장이 돌아가신 어머니의 솜씨를 그대로 물려받아 운영한다고 한다.

북엇국은 들어봤지만 북어찌개는 처음 들어 봤습니다.
반찬이랑 찌개는 서로의 한계를 넘지 않는 밥상의 꽃이었습니다.

방문 날짜 20   .   .   나의 평점 😋😋😋😋😋

방문 후기

김천식당

TEL. 043-543-1413

식당 주소
충북 보은군 보은읍 삼산로1길 25-4

운영 시간
10:00-21:00
휴식시간 15:00-17:00, 라스트 오더
20:00 (재료 소진 시 조기 마감)

주요 메뉴
순대곱창전골
모둠한접시

보은 사람은 다 안다는 곳. 채소와 두부가 소의 70%를 차지하는 대창 순대가 제맛이다.

순대의 끈신 맛이 젓가락을 놓지 않게 합니다.
젊은 부부의 세세한 정성이 맛을 책임집니다.

방문 날짜 20 . .   나의 평점

방문 후기

혜성정육점 식당

TEL. 043-542-7361

식당 주소

충북 보은군 보은읍 삼산남로 7-1

운영 시간

11:00-20:30

주요 메뉴

생삼겹살
열무국수

일주일에 다섯 번 들여 온다는 생삼겹살. 여기에 약초를 넣은 소스가
맛을 한층 더 올린다.

소스를 보탠 삼겹살과 그냥 삼겹살의 차이를 알았습니다.
음식의 완성은 끝이 보이지 않습니다.

방문 날짜 20 .   .   나의 평점 🍚🍚🍚🍚🍚

방문 후기

시장 정육점식당

TEL. 041-855-3074

식당 주소
충남 공주시 백미고을길 10-5

운영 시간
11:00-20:00
일요일 휴무

주요 메뉴
알밤 육회비빔밥, 한우 갈비탕
선지해장국, 따로국밥
육회 냉면

노란 유기 그릇에 담긴 빨갛고 하얀 자태는 눈이 먼저 반할 맛 양배추, 깻잎, 숙주나물, 당근, 잣, 김, 그리고 노란 밤과 육회가 어울려 입이 호강한다. 고추장을 적게 하여 재료의 맛을 살려준 섬세한 비빔밥이다.

드러나는 듯 드러나지 않는 고명들이
육회를 에워싸고 공주를 노래한다.
이 집의 다른 음식까지 궁금해졌다.
3일을 눌러앉아야겠다.

방문 날짜 20 . .   나의 평점

방문 후기

유구식당
(유구정육식당)

TEL. 041-841-2528

식당 주소
충남 공주시 유구읍 시장길 33-4

운영 시간
10:00-20:30
첫째, 셋째 월요일 휴무

주요 메뉴
한우모둠한상
육회비빔밥
소머리국밥

충청도 사람들 얌전한 줄 알았더니, 주인장 고기 써는 모습 보니까 그렇지 않구나! 그날그날 신선한 부위가 랜덤으로 나오는 한우모둠. 냉동하지 않아 살짝 두껍게 썬 차돌박이는 식감과 고소함을 다 잡았고, 등심은 육즙이 축제를 연다. 마무리로 칼칼한 된장찌개면 게임 끝.

1,500g에 68,000원!
질보다 양이다!
모양 따지지 마라!

방문 날짜 20   .   .   나의 평점 🍚🍚🍚🍚🍚

방문 후기

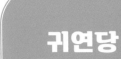

귀연당

TEL. 041-852-9779

식당 주소
충남 공주시 의당면 의당로 981

운영 시간
11:00-14:00
라스트 오더 13:00
월요일 휴무, 전화 예약 필수

주요 메뉴
한우곰탕
한우수육

하루에 딱 스무 그릇만 판매하는, 전화 예약이 필수인 곳이다. 고소함의 극치를 맛보았다.

굽이굽이 끝없는 산길을 올라온 보람이 있습니다.
깊은 산중에 자리해서 다치지 않은 음식이 멋진 곳입니다.

방문 날짜 20   .   .   나의 평점 🍚🍚🍚🍚🍚

방문 후기

별난주막

TEL. 042-826-0722

식당 주소

충남 공주시 반포면 동학사1로 266-14

운영 시간

11:00-21:00
라스트 오더 20:00
월요일, 화요일 휴무

주요 메뉴

별난특별닭백숙(예약 필수)
더덕구이정식

심마니 주인장의 건강 나물 밥상. 오죽하면 설탕 대신 대추를 고아 청을 만들어 쓴단다.

나물, 또 나물.

아~ 아~

봄이면 스님이 되고 싶다.

방문 날짜 20   .   .   나의 평점

방문 후기

청벽가든

TEL. 041-854-7383

식당 주소

충남 공주시 반포면 창벽로 750

운영 시간

10:30-21:00
휴식시간 15:00-17:00, 라스트 오더
14:00, 20:00, 월요일 휴무

주요 메뉴

장어구이
참게탕

기름기가 적게 느껴지는 이곳 장어구이. 마무리로 먹은 참게탕과 조합이 좋다.

장어야~ 참게야~ 새우야~
너희들이 희생되는 이유가 있다.
맛이 유별나서!

방문 날짜 20   .   .   나의 평점 😊😊😊😊😊

방문 후기

산장가든

TEL. 041-672-9945

식당 주소

충남 태안군 태안읍 상도로 49-57

운영 시간

11:30-15:00

화요일 휴무

주요 메뉴

연잎밥 정식

메뉴는 연잎밥 하나에, 오후 3시까지 점심 장사만 하는 집. 향긋한 연잎밥은 밥알 씹는 맛이 살아 있고, 같이 나온 고추장을 곁들이면 또 다른 맛을 즐길 수 있다. 산고사리, 원추리, 땅두릅 등 주인장이 직접 딴 나물로 한 반찬에서도 만만치 않은 내공이 느껴진다.

오후 3시면 장사를 접고 산을 헤맨다.
밥상에 올릴 나물, 버섯을 채취해서 손님 밥상에 올린다.
연잎밥은 배도 채우고 건강도 채운다.

방문 날짜   20   .   .   나의 평점 🍚🍚🍚🍚🍚

방문 후기

메꿀레분식

TEL. 041-673-2144

식당 주소
충남 태안군 태안읍 시장3길 43-7

운영 시간
10:00-21:00

주요 메뉴
칼국수
콩국수
잔치국수

단돈 4,000원에 제대로 된 바지락 칼국수를 먹을 수 있는 곳. 남편이 서해안 갯벌에서 바지락을 캐오면, 아내는 밤새 숙성한 반죽으로 면을 뽑는다. 국물은 시원하고, 면발은 쫄깃한 데다 밀가루 냄새가 전혀 나지 않는다. 직접 키운 네 가지 콩을 갈아 만든 콩국수도 일품.

젓가락질 한 번에 국수 맛을 눈치챈 것처럼 빼기려면
이 집은 피해야 한다.
칼국수 4,000원, 콩국수 5,000원.
가격이 너무 '헐'해서 이곳에 도움이 되지 못하고
오히려 피해를 주지 않았나 하는 느낌은 나쁜만이 아닐 것이다.

방문 날짜 20   .   .   나의 평점 🍚🍚🍚🍚🍚

방문 후기

션창회마차

TEL. 041-675-1721

식당 주소
충남 태안군 근흥면 마도길 154-1

운영 시간
09:00-20:00

주요 메뉴
통우럭양념구이(전화 예약 추천)
조개구이
매운탕

쿠킹 포일에 싸여 베개만 한 크기로 나오는 통우럭양념구이. 서비스로 나온 조개구이를 먹다 보면 1시간이 금방 간다. 잘 구워진 우럭은 전혀 비리지 않은 데다, 속까지 빨간 양념이 잘 배어 있어 맛있다. 푹 익은 단호박, 고구마 등을 골라 먹는 재미도 쏠쏠하다.

쿠킹 포일에 싸인 우럭.
시간이 지나면서 맛의 날개가 달렸네.
내 등에도 솟은 날개 둘은 신진도를 비행하네.

방문 날짜 20 .   .   나의 평점 😋😋😋😋😋

방문 후기

너울횟집

TEL. 041-674-7676

식당 주소

충남 태안군 소원면 만리포2길 2

운영 시간

07:00-22:00

주요 메뉴

전복죽
물회
모둠조개찜

속이 뻥 뚫리는 바다를 바라보며 먹는 태안 해산물 한 상. 전복죽에 토실토실한 전복 살과 고소한 내장 맛 외에 무언가 더 느껴져 물어보니, 감자를 넣어 부드러움과 고소함을 더했단다. 피조개, 소라 등 갖은 조개 다 넣은 조개찜은 왜 이렇게 단지. 아~ 태안에 취하고 말았다.

물회, 조개찜, 전복죽···.
푸른 바다를 내 몸안에 쏟아부었다.

방문 날짜 20   .   .   나의 평점

방문 후기

자연산
오대감튀김

TEL. 041-673-6000

식당 주소

충남 태안군 안면읍 백사장1길 117

운영 시간

09:00-22:00

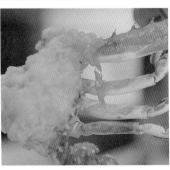

주요 메뉴

모둠튀김
김말이

치자로 낸 노란색 튀김옷이 멀리서부터 시선을 사로잡는다. 철 맞은 가을 꽃게를 통으로 튀긴 꽃게튀김은 세상에, 처음 보는 비주얼. 새끼 게튀김은 바삭바삭 씹히는 것이 슈퍼에서 파는 꽃게 과자 고급형 같다. 여기에 통통한 새우튀김까지 있으니, 생맥주를 안 마실 수 없구나.

각종 튀김의 샛노란 행렬을···.
아아, 태안의 깊은 가을···.

방문 날짜 20   .   .   나의 평점 🍚🍚🍚🍚🍚

방문 후기

원풍식당

TEL. 041-672-5057

식당 주소

충남 태안군 원북면 원이로 841-1

운영 시간

09:30-20:00

주요 메뉴

박속밀국낙지탕

박 날 때면 낙지도 맛이 드니, 아니 같이 먹을쏘냐. 예로부터 태안에서는 제철 박과 낙지를 한데 넣고 탕으로 삼삼하게 끓여 먹었단다. 처음에는 심심하지만, 낙지가 들어가면 맛이 곧 달라지니 걱정 마시라. 이 국물에 밀국, 즉 수제비와 칼국수 넣어 마무리를 하니 깔끔하다.

박속밀국낙지탕은 서해안의 으뜸입니다.
여러분의 버킷 리스트에 꼭 집어넣으십시오.

방문 날짜 20   .   .   나의 평점 😋😋😋😋😋

방문 후기

가산한정식

TEL. 041-561-9500

식당 주소

충남 천안시 동남구 태조산길 179-17

운영 시간

11:00-20:00

주요 메뉴

수라상
가산 정식
도가니탕

50년 경력의 주인장이 내오는 할머니 밥상. 쫑취나물, 궁채나물, 솔부추나물, 코다리무조림, 모둠전 등 스무 가지쯤 되는 반찬에 상이 넘칠 듯하다. 무엇보다 모든 나물을 각각 맛이 다르게 무쳤다는 점이 포인트. 이런 할머니 손맛을 맛볼 수 있는 것은 행운이다.

사모님,

건강 챙기고 오래오래 사세요.

그래야 이 집에 또 올 수 있습니다.

방문 날짜	20 . .	나의 평점	🍚🍚🍚🍚🍚

방문 후기

미라골
미담식당

TEL. 0507-1414-8972

식당 주소

충남 천안시 서북구 미라15길 19

운영 시간

11:00-21:00
둘째, 넷째 일요일 휴무

주요 메뉴

짜글이, 삼겹살
닭볶음탕, 김치찌개

충청도에서 시작됐다는 요리인 짜글이. 고추장찌개와 두루치기의 중간쯤 되는 짜글이는 식사도 되고, 안주도 되는 기특한 녀석이다. 이 집의 짜글이는 간이 세지 않아 졸여 가며 먹어도 짜지 않고, 은근히 당기는 맛이 있다. 여러 부위의 돼지고기와 감자를 골라 먹는 재미도 쏠쏠.

짜글 짜글 보글 보글.
냄비의 새빨간 찌개는
석양의 붉은 빛보다 더 술을 부르네.

방문 날짜 20 . .   나의 평점 😊😊😊😊😊

방문 후기

청룡
원조매운탕

TEL. 041-585-5598

식당 주소

충남 천안시 서북구 입장면 성진로
1406

운영 시간

09:00-21:00

주요 메뉴

민물새우매운탕
메기매운탕
민물새우튀김

민물새우는 어디에서든지 제맛을 잃지 않고 내니 친화력이 참 좋다.
매운탕으로 끓이면 국물 맛을 깊게 하면서 또 자체의 단맛을 뿜어내
고, 튀김을 하면 과자같이 바삭하면서 고소하다. 이런 훌륭한 재료에
44년 경력의 주인장 솜씨까지 더해지니 민물새우 밥상이 근사하다.

어서 오시게.
시장기가 얼굴 가득 일세.
행여 이것 자시고 눌어붙을 생각 마시게.

방문 날짜 20   .   .   나의 평점 🍚🍚🍚🍚🍚

방문 후기

홍흥집

TEL. 041-633-0024

식당 주소

충남 홍성군 홍성읍 홍성천길 242
(B동 4호)

운영 시간

11:30-14:00(재료 소진 시 조기 마감)
휴무일 불규칙, 전화 문의 필수

주요 메뉴

소머리국밥
내장탕
소머리수육

홍성 한우로 끓인 소머리국밥. 갈비뼈와 각종 잡뼈를 넣고 다섯 시간이 넘도록 우린 국물은 깔끔하니 잡내가 하나도 나지 않는다. 머리 고기는 전날 삶아 하루 정도 숙성을 시켜 내오는데, 쫄깃하게 씹히는 식감이 으뜸이다. 50년 세월, 3대째 내려오고 있는 손맛이 훌륭하다.

날씨가 추우면 따끈따끈한 국밥이 최고 아닌가.
홍성에 가면 이 집을 들르시게나.

방문 날짜 20 .   .   나의 평점 😋😋😋😋😋

방문 후기

갈매기횟집

TEL. 041-631-2868

식당 주소

충남 홍성군 홍북읍 용봉산2길 32

운영 시간

11:30-21:30

월요일 휴무

주요 메뉴

모둠회, 게장백반, 우럭매운탕
굴밥, 굴물회(겨울 한정 판매)

서해안의 굴은 크기는 작으나 향이 진하고 단맛이 풍부하다. 자연산 굴만 사용한다는 이 집의 굴밥은 뚜껑을 열면 통통한 굴이 밥을 뚜껑처럼 덮고 있다. 달래 양념장 한 숟가락 넣어 슥슥 비벼 먹으면, 정말로 서해가 내 입속으로 확 들어오는 것 같다.

카사노바도, 나폴레옹도 귀하게 먹던 굴을
적은 돈으로 원 없이 먹었습니다.
"여보! 이불 깔고 기다려!"

방문 날짜 20 . .   나의 평점 🍚🍚🍚🍚🍚

방문 후기

깜찌네

TEL. 041-634-1717

식당 주소

충남 홍성군 홍성읍 충절로1053번길
18

운영 시간
16:00-02:00

주요 메뉴

갈매기살, 소갈비살
칼국수, 비빔밥

연탄불 위에서 은근히 굽는 갈매기살. 다른 양념 없이 소금만 뿌려 본연의 고소한 맛을 충분히 즐길 수 있어 좋다. 쪽파, 대파, 마늘종을 노릇하게 구워 먹는 재미도 쏠쏠. 마무리로 입을 깔끔하게 해주는 얼큰한 칼국수까지 곁들이면 완벽한 한 끼다.

갈매기가 날아갑니다.
부산 갈매기가 아니고 홍성 갈매기 구이입니다.
칼국수는 이 집의 끝판왕입니다.

방문 날짜 20   .   .   나의 평점 🍚🍚🍚🍚🍚

방문 후기

서부식당

TEL. 041-932-0282

식당 주소
충남 보령시 구상가길 10-3

운영 시간
전화 문의

주요 메뉴
백반, 된장찌개
김치찌개, 동태찌개
소머리국밥

동네 분들을 위해 3,000원에 백반을 내는 인심 좋은 곳이다. 외지인은 반찬을 더해서 7,000원 혹은 8,000원 백반. 손님이 재료를 사 오면 양념값만 받고 원하는 요리를 해주는 것도 특징이다. 주인장의 인심과 훌륭한 음식 솜씨에 여기서 하숙이라도 하고 싶다.

백반기행은 숨어 있는 어머니의 맛을 찾고 있는데,
보령 동부 시장에서 그 맛을 찾았습니다.

방문 날짜 20 . . 나의 평점

방문 후기

고기요

TEL. 041-932-6229

식당 주소

충남 보령시 해수욕장6길 79

운영 시간

12:00-23:00
금요일, 토요일 12:00-24:00

주요 메뉴

키조개삼겹살 set
키조개차돌박이 set

사장님이 매일 동생에게서 떼어 온다는 키조개는 신선함이 최고. 연탄 불에 삼겹살 올리고 그 기름에 키조개 관자를 구워 먹으면, 고소한 맛 이 입에 가득 찬다. 게다가 밑반찬으로 키조개된장찌개, 키조개 관자& 고구마줄기볶음, 키조개장조림까지 나오니 진정한 키조개 한 상이다.

관광지의 음식 맛은 고만고만하다는 고정관념이 깨졌다.
나주의 홍어 삼합과 장흥의 관자 삼합에
보령의 삼겹살&관자 삼합이 어깨를 겨룬다.

방문 날짜 20   .   .   나의 평점

방문 후기

웅천사천성

TEL. 041-931-9521

식당 주소

충남 보령시 웅천읍 장터3길 22

운영 시간

10:30-17:00

3, 13, 23일 휴무

휴무일이 토/일 경우 월요일 휴무

주요 메뉴

라조면, 라조기

간짜장, 고추짬뽕

50년 노포의 매운맛을 보여주마! 마른 고추, 베트남 고추, 청양고추 들어간 라조면은 화끈함, 칼칼함, 알싸함에 정신 못 차리게 맵지만 불쾌하지 않고 개운하다. 튀긴 닭과 고추를 한데 볶은 라조기도 바삭바삭하고 맵싸한 것이, 중독성이 상당하다.

소방차 불러라!!
내 입에 대형 화재다!!

※ 세상에 불맛 있으신 분, 이곳에서 해결하세요.

방문 날짜 20 . .   나의 평점

방문 후기

샘물식당

TEL. 041-934-6964

식당 주소

충남 보령시 청라면 원모루길 245

운영 시간

09:00-21:00
전화 예약 추천

주요 메뉴

쫄복탕
복찜

충청도 내륙 청라면에 웬 비린내인가. 말린 쫄복(자잘한 복어)으로 끓인 쫄복탕은 집 된장 넣어 구수하고 복어 살은 쫄깃쫄깃, 아욱은 부들부들하다. 생물 쫄복 한 마리 통째로 들어간 복찜은 사장님 솜씨에 박수가 나오는 맛. 이 집 부근 지나간다면 무조건 '차 돌려!' 해야 한다.

청라면 산골에 복국을 만났습니다.
반가우면서도 조심스러웠지만 존재 이유가 있었습니다.

나그네집

TEL. 041-931-9988

식당 주소
충남 보령시 작은오랏2길 13

운영 시간
11:00-22:00
첫째, 셋째 월요일 휴무

주요 메뉴
세모국백반(점심 한정 판매)

서해안 향토 음식인 세모국. 바지락 육수에 세모가사리를 넣은 게 다
인데 어찌 이리 훌륭한 맛이 날까.

부인이 내놓는 세모국백반은
길 떠나는 나그네의 발걸음을 멈추게 한다.

방문 후기

터가든

TEL. 041-641-4232

식당 주소

충남 보령시 천북면 홍보로 666

운영 시간

11:00-20:00

주요 메뉴

굴정식
굴밥

바위에서 자라 잘지만 쫄깃한 천북 굴. 굴을 민물에 헹구지 않는 게
이 집 철칙이란다.

여덟 가지 굴 요리.
단조로울 것 같지만
깊고 달콤한 맛은 이 집 부부의 성품까지 엿보게 합니다.

방문 날짜 20   .   .   나의 평점

방문 후기

장벌집

TEL. 041-932-6232

식당 주소

충남 보령시 해안로 321

운영 시간

11:00-21:00
수요일 휴무

주요 메뉴

붕장어구이
간재미탕

주문 즉시 구워 나오는 붕장어. 소금구이는 덤덤한데, 오히려 많이 먹
을 수 있어 좋다.

들어올 때는 흐늘대던 남자.
나갈 때는 먼지 날리며 떠나가네.
아하~ 그럼 그렇지, 이 집 장어 효과일세!

방문 날짜 20   .   .   나의 평점

방문 후기

호반식당

TEL. 041-332-0121

식당 주소

충남 예산군 대흥면 예당로 848

운영 시간

11:00-19:00
라스트 오더 18:00
화요일 휴무

주요 메뉴

매운탕(붕어, 메기, 새우), 어죽
붕어조림, 민물새우김치전

묵은지 반죽에 그때그때 잡은 민물새우를 넣고 노릇하게 부친 민물
새우김치전. 민물새우 특유의 단맛과 묵은지의 매운맛이 절묘하게
어우러진다. 빨간 국물에 바다 향 가득한 어죽과 두툼하고 부드러운
붕어 살과 양념 잘 밴 시래기 들어간 조림이면 예당호 밥상 완성이다.

어죽 한 그릇에 친구들이 보인다.
영석아, 갑진아,
예당 저수지에 모여서 어죽 끓여 한 사발씩 하자꾸나.

방문 날짜　20　.　.　　　나의 평점　🍚🍚🍚🍚🍚

방문 후기

60년전통
예산장터국밥

TEL. 041-332-3664

식당 주소

충남 예산군 예산읍 관양산길 12-1

운영 시간

05:00-20:00

주요 메뉴

소머리국밥
소머리수육

큼직큼직하게 썰어 서너 점만 먹어도 배부를 것 같은 소머리수육. 두툼한 두께에 한 번, 그에 반해 부드러운 식감에 또 한 번 놀랐다. 게다가 서비스 국물까지 주니, 이게 예산의 인심인 것일까? 얼큰한 국물과 기름진 고기, 커다란 선지 듬뿍 든 소머리국밥은 술을 그립게 한다.

70년 운영.

2대에서 넘어가는 중.

이 집이 있는 한 장터의 인심은 계속됩니다.

방문 날짜 20 . .   나의 평점 🍚🍚🍚🍚🍚

방문 후기

소복갈비

TEL. 041-335-2401

식당 주소

충남 예산군 예산읍 천변로195번길
9

운영 시간

11:00-20:30
라스트 오더 19:20
(재료 소진 시 조기 마감)

주요 메뉴

생갈비
양념갈비

대통령들이 예산에 오면 다녀간다는 갈빗집. 주문이 들어오면 밖에서 고기를 구워 돌판에 담아 가져다준다. 덕분에 대화에 집중할 수 있는 게 장점. 크고 두껍게 썬 갈비는 육즙이 줄줄 흐르고 달콤해서 남녀노소 다 좋아할 맛이다. 옛 생각나게 하는 갈비탕도 꼭 드셔보기를….

벽에 붙은 사인이 허세가 아닙니다.
맛이 좋아 미치겠다.

방문 날짜 20   .   .   나의 평점 ⬜⬜⬜⬜⬜

방문 후기

연잎담

TEL. 041-835-3498

식당 주소

충남 부여군 부여읍 계백로180번길
9-13

운영 시간

11:00-21:00
수요일 휴무

주요 메뉴

선화밥상
서동밥상
연잎담정식

연잎을 한 꺼풀 한 꺼풀 벗기면 등장하는 밥. 그 위에 연자(연꽃의 열매), 밤, 콩, 호박씨가 나를 반긴다. 간간한 간에 다른 반찬이 굳이 필요 없지만, 그래도 연근 들어간 떡갈비 곁들이면 은은한 연 향기와 고소한 고기 향이 펼치는 오케스트라 연주를 즐길 수 있다.

주인 아줌의 정성이 오롯이 담긴 연잎밥은
'작은 우주'였습니다.

| 방문 날짜 | 20 . . | 나의 평점 🍚🍚🍚🍚🍚 |

방문 후기

광명식당

TEL. 041-836-5176

식당 주소

충남 부여군 외산면 무량로 192

운영 시간

11:00-17:00
화요일 휴무

주요 메뉴

표고버섯도토리묵
산채비빔밥

전국 표고버섯 생산량 1위 부여에 있는 식당답게 여기도 표고 저기도 표고, 모든 음식에 표고를 넣었다. 취나물에 싸 먹는 표고버섯도토리묵은 쌉싸름한 취나물 향과 향긋한 표고 향, 구수한 도토리 향의 어우러짐이 일품! 갖은 나물 들어간 비빔밥은 간장 넣고 비벼야 제맛을 안다.

욕심 내지 않은 나물 밥상을 물리치고 문을 나서니
걸음은 서울과 반대편 무량사(無量寺) 쪽.
아아~~ 너는 이미 반쪽 스님~~

방문 날짜 20   .   .   나의 평점 ⊖⊖⊖⊖⊖

방문 후기

왕곰탕식당

TEL. 041-835-3243

식당 주소

충남 부여군 부여읍 사비로108번길 13

운영 시간

10:30-20:30
휴식시간 14:30-17:00
일요일 휴무 (재료 소진 시 조기 마감)

주요 메뉴

양탕
양수육

쫄깃한 양과 고소한 국물을 즐기다가, 절반쯤 남았을 때 부추무침을
넣어 매콤하게 먹는 게 양탕 제대로 맛보는 법!

식사가 끝나도 입 안에 양의 구수함이 떠나질 않습니다.
무얼 더 바라겠습니까.

삼정식당

TEL. 041-834-4461

식당 주소

충남 부여군 부여읍 성왕로 292

운영 시간

11:30-20:00

휴식시간 14:00-17:30

4월~9월 둘째, 넷째 일요일 휴무

주요 메뉴

한우파불고기

냉면

웍질로 입힌 불 향과 대파 향이 가득한 불고기. 점심, 저녁 각각 60인 분만 판다니 서두르시길!

불고기는 여러 종류가 있습니다.
여기 부여식 불고기 잊지 마세요.

시골밥상마고

TEL. 041-544-7157

식당 주소

충남 아산시 송악면 송악로 521-7

운영 시간
10:30-21:00

주요 메뉴

마고정식

장작불에 옛 방식으로 삶는 시래기. 쌀뜨물에 멸치 좀 넣고 푹 끓이면
시골 밥상 완성!

정성 으뜸.
정갈하고 짜지 않은 간.
시래기 줄기 씹는 맛이 좋은 된장국.

방문 날짜 20   .   .   나의 평점 😋😋😋😋😋

방문 후기

목화반점

TEL. 041-545-8052

식당 주소
충남 아산시 온주길 28-8

운영 시간
11:00-18:00
월요일 휴무
(재료 소진 시 조기 마감)

주요 메뉴
탕수육
짬뽕

짬뽕 국물이 이렇게 시원할 줄이야. 주문 즉시 조리해서 내온 노란 탕

수육에서 남다른 내공을 느꼈다.

2시간⋯ 3시간⋯

기다리면서도 음식 맛을 배신할 수 없어서 또 오는 곳.

아~ 내 발걸음은 김유신의 말이로구나~~.

방문 날짜 20 ⋅ ⋅   나의 평점 🍚🍚🍚🍚🍚

방문 후기

만풍호

TEL. 041-952-2935

식당 주소

충남 서천군 서면 서인로 64, 7호, 8호

운영 시간

09:00-19:00

전화 후 방문 추천

주요 메뉴

(계절 한정 판매)

갑오징어회

갑오징어통찜, 갑오징어볶음

생물 갑오징어는 다른 간이 필요없다. 회로도, 찜으로도, 볶음으로도
완벽한 맛을 보여 준다.

큰일 났다!
전라도 한정식이 갈 곳이 없구나!

방문 날짜 20   .   .   나의 평점 🍚🍚🍚🍚🍚

방문 후기

어항생선 매운탕

TEL. 041-956-3737

식당 주소

충남 서천군 장항읍 장산로 324-1

운영 시간

10:00-21:00
월요일 휴무

주요 메뉴

우럭매운탕
꽃게찜

50년 경력의 어부 남편이 우럭을 잡아 온다. 신선함도, 간도 완벽한 매운탕이다.

우럭매운탕의 국물 맛이 환상입니다.
겨울에는 물메기탕이 좋다니,
명함 한 장 주세요!

방문 날짜 20 .   .   나의 평점 🍚🍚🍚🍚🍚

방문 후기

황산옥

TEL. 041-745-4836

식당 주소

충남 논산시 강경읍 금백로 34

운영 시간

10:30-20:30
라스트 오더 20:00

주요 메뉴

우어무침
활복탕

고소한 웅어회무침과 참복 한 마리가 통째로 든 복탕. 100년 역사가
괜히 쓰였겠는가.

금강에 오시거든 이것 잊지 마세요.

웅어회, 참복탕.

방문 날짜 20   .   .   나의 평점

방문 후기

대구·울산·부산·경상 밥상

화개장터 가마솥국밥

TEL. 053-323-4998

식당 주소

대구 북구 구암로42길 6

운영 시간

10:30-재료 소진 시
화요일 휴무

주요 메뉴

소고기국밥
육국수
잔치국수

마당의 자갈과 툇마루까지 정겨운 외갓집에 온 듯하다. 부엌에서 팔 팔 끓고 있는 가마솥에는 노부부의 고집과 자존심인 사골이 고아지고 있다. 고소한 국물에 고기가 넉넉하게 들어간 소고기국밥은 추억까지 든든하다.

생각했던 것보다 건더기가 많다.

소고기, 파, 고사리, 무가 들어가 있다.

옛날 어머니의 소고깃국과는 달랐지만

어머니가 생각나는 것은 맛이 닮았기 때문일 거다.

어머니가 보고 싶다.

방문 날짜 20 . .   **나의 평점**

방문 후기

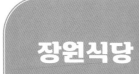

장원식당

TEL. 053-427-4363

식당 주소

대구 중구 태평로 256-4

운영 시간

17:00-21:00

주말 휴무

주요 메뉴

한우 생고기

육회

양지머리

테이블이 단 3개뿐인 노포집. 뭉텅뭉텅 썰어낸 육회를 며느리에게도
가르쳐주지 않은 양념장에 찍으면 한없이 먹을 수 있을 것 같다. 퇴근
길 소주를 부르는 집.

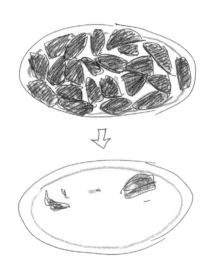

너무 싱싱하고 맛있다.
순식간에 접시를 비우고 한 접시 추가!
기름지지 않아서 한없이 들어갈 수 있겠다.

방문 날짜 20 . .   나의 평점 🍚🍚🍚🍚🍚

방문 후기

온돌방식당

TEL. 053-423-7222

식당 주소

대구 중구 동성로12길 72-9

운영 시간

11:30-21:30

주요 메뉴

온돌불고기
열무밥한정식

100년 된 철도청 관사 건물의 오묘한 분위기를 간직한 곳. 특선 메뉴인 불고기+열무밥정식을 시키면 각종 나물에 꽈리고추찜, 미나리전 등 18가지 반찬이 나오니 과연 '특선'답다. 심심한 열무김치와 구수한 집 된장 넣고 비벼 먹는 열무밥은 그 유명한 대구 더위를 잊게 한다.

앞으로 내가 안 보이거든 이 집으로 찾아 오시게나.
음식 맛을 놓치기 싫어서 눌러살고 말 테니까.

| 방문 날짜 20 . . | 나의 평점 😋😋😋😋😋 |

방문 후기

국일생갈비

TEL. 053-254-5115

식당 주소

대구 중구 국채보상로 492

운영 시간

11:30-21:30

주요 메뉴

한우특생갈비
한우양념갈비

한우 암소 1등급, 3번~6번 갈빗대를 사용한 생갈비. 육질은 연하고,
육즙은 퍼진다.

자극적이지 않고 편안한 맛.
또 오고 싶은 곳.

방문 후기

산골기사식당

TEL. 053-983-0362

식당 주소

대구 동구 팔공산로 1666

운영 시간

06:30-21:00

주요 메뉴

송이순두부
봄동전
호박전

팔공산 등산객들로 이미 인산인해를 이루는 곳. 1대 주인장인 아버지께 물려받은 방식 그대로 만든 단단하고 고소한 순두부와 자연산 송이를 잔뜩 넣었다. 고추기름과 달걀을 넣지 않아 송이 향만 그릇 가득 담겨 있다. 봄동전과 늙은호박전도, 산뜻한 나물 반찬도 끝내준다.

송이순두부가 있습니다.
송이버섯이 대중화가 될 정도로 흔해졌나요?
아닙니다. 이 집만 그렇습니다.

방문 날짜 20 . .   나의 평점 🍚🍚🍚🍚🍚

방문 후기

일경식당

TEL. 053-753-4778

식당 주소

대구 동구 효목로 28

운영 시간

11:30-22:00

일요일 휴무

주요 메뉴

명품순댓국밥

명품왕순대

'탕반의 도시'로 불릴 정도로 국과 밥을 사랑하는 도시인 대구. 그래서인지 국물 요리 잘하는 집이 참 많은데, 그 중에서도 손꼽히는 곳이다. 뽀얗고 구수한 국물, 기계 일절 안 쓰고 모든 재료를 수작업으로 다듬고 썰어 만드는 막창순대에 왜 이름에 '명품'이 붙었나 알겠다.

순댓국도 멋지지만 주인 자매의 밝은 성격이
이곳의 핵심입니다.

방문 날짜 20 . .   나의 평점 🍚🍚🍚🍚🍚

방문 후기

진미불고기

TEL. 052-262-5550

식당 주소
울산 울주군 언양읍 동문길 47

운영 시간
10:30-21:00
전화 예약 추천 (재료 소진 시 조기 마감)

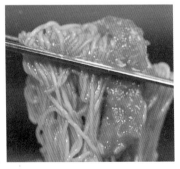

주요 메뉴
언양 불고기
함흥냉면

대한민국 3대 불고기에 언양 불고기가 괜히 들어가겠는가. 얇게 썬 불고기를 숯불 위에서 계속 뒤집어 가며 구운 뒤 넓적하게 펴냈다. 질기지 않아 나이 든 사람들도 문제 없다. 당일 아침 가볍게 양념하여 고기 맛 살아 있는 불고기는 새콤달콤한 함흥냉면과도 잘 어울린다.

경부고속도로 깔러 왔던 친구야,
공사하다가 간장에 절여놨던
소고기 구워 먹던 것 기억나지?
나 지금 언양 불고기 먹고 있다!!

방문 날짜 20 　.　　.　　　나의 평점 🍚🍚🍚🍚🍚

방문 후기

대왕곰장어

TEL. 052-243-5928

식당 주소

울산 중구 번영로 325

운영 시간

09:00-01:00

주요 메뉴

소금구이
양념구이

붕어 없는 붕어빵은 봤어도 소금 없는 소금구이라니. 곰장어가 이미

간간한 간을 내기에 소금 일절 넣지 않고 오로지 곰장어만으로 맛을

낸단다. 간을 안 했는데 이렇게 구수하고 달다는 건 재료가 원체 신선

하다는 뜻이겠지. 울산 노동자분들~ 소주를 끊을 수가 없겠구려.

내 껍질을 벗겨서 지갑을 만들어 버렸어요. 흑

방문 날짜 20   .   .   나의 평점 😋😋😋😋😋

방문 후기

중리해녀촌

TEL. 010-8671-3271

식당 주소
부산 영도구 절영로 355

운영 시간
11:30-19:30
연중무휴

주요 메뉴
문어
모둠 해물

해녀가 직접 잡아 온 제철 싱싱한 해산물을 맛볼 수 있는 곳이 부산에
도 있다. 가격은 그때그때 다르다.

부산 영도 중리 해녀촌.

여덟 명의 제주 출신 해녀들이 40년간 꼭 잡고 있는 곳이다.

제주도 여성들은 생활력이 아주 강하다.

어느 누구도 이 영역을 침입할 수 없을 게다.

72세부터 82세의 할머니들이 물질을 한다.

힘이 넘친다. 그래도 여성들이다.

해녀복을 벗고 사복을 입고 나왔는데

그새 화장을 하고 나왔다.

방문 날짜 20   .   .   나의 평점 😋😋😋😋😋

방문 후기

수복센타

TEL. 051-245-9986

식당 주소

부산 중구 남포길 25-3

운영 시간

16:30-01:00

월요일 휴무

주요 메뉴

스지 어묵탕

나막스구이

타다키

부산의 명물 어묵에 스지(소 힘줄)와 각종 재료를 토렴으로 뭉근하게
맛을 우려내는 내공에 절로 술이 당긴다. 담백하고 쫄깃한 나막스(말
린 새끼 메기)구이와 싱싱한 광어를 뼈째 다져 양념한 타다키가 일품.

*타다키는
두드린다는
일본말

스지 오뎅탕집이다.

메뉴를 보니 메인보다 그 밑의 음식이 궁금하다.

타다키. 내가 생각하는 그것일까.

생선뼈를 칼로 두드려 먹는 걸 주문했다.

광어를 칼로 다져서 나온단다.

칼이 아니라 믹서기로 갈아서 양념한 것이었지만

워낙 좋아하는 것이라서 너무 반가웠다.

방문 날짜 20   .   .   나의 평점 😊😊😊😊😊

방문 후기

청사초롱

TEL. 051-517-0349

식당 주소

부산 금정구 산성로 447

운영 시간

10:00-21:00
토요일 10:00-22:00

주요 메뉴

토종흑염소숯불고기
파전
육회

금정산성 아래에 자리 잡아 이미 등산객 사이에서 유명한 집. 흑염소 숯불고기는 구수하고 촉촉하며, 숯불 향이 제대로다. 해물과 파를 아낌없이 넣어 바삭하게 구운 파전도 인기 메뉴. 여기에 전통 누룩으로 빚은 산성 막걸리까지 마시면 세상 시름을 잊는다.

"청사초롱 불 밝혀라, 잊었던 낭군이 돌아온다."
산초가 들어간 열무김치, 도토리묵, 파전, 흑염소불고기….
이 집에 계속 머물고 싶어서
"동네 빈집 나오면 연락해 주세요."
라고 말하고 말았다.

방문 날짜 20   .   .   나의 평점 😋😋😋😋😋

방문 후기

합천국밥집

TEL. 051-628-4898

식당 주소

부산 남구 용호로 235

운영 시간

09:00-20:30

주요 메뉴

따로국밥
수육

돼지국밥 하면 부산, 부산 하면 돼지국밥. 그중에서도 손꼽히는 식당이다. 소고기뭇국처럼 깔끔하고 맑은 국물 자랑하는 이 집 돼지국밥은 약간의 육향이 느껴지면서 슴슴한 맛이 제격이다. 여기에 매콤한 부추무침이나 멍게섞박지 올려 먹으면 기름기는 찾아볼 수가 없다.

국밥을 처음 맛보는 김희선 씨를
푸욱 빠지게 한 맛!

방문 날짜   20   .   .   나의 평점

방문 후기

691

마라톤집

TEL. 051-806-5914

식당 주소

부산 부산진구 가야대로784번길 54

운영 시간

16:00-02:00

일요일 휴무

주요 메뉴

해물부침마라톤

어묵탕

1959년 개업한 노포. 어묵탕에 어묵, 스지, 유부주머니, 달걀, 두부, 무가 가득 들었다. 간 짜기로 유명한 부산에서 이렇게 심심하고 시원한 국물이라니. '빨리 먹고 가야 하는 음식→손기정 선수→마라톤' 이렇게 해서 이름 붙여진 해물부침은 술 한 병으로는 턱도 없다.

《식객》 만화 그릴 때 인연을 맺은 집입니다.
이 집 어묵은 종착점이 없는 길을
계속 달리고 있습니다.

방문 날짜 20   .   .   나의 평점 😊😊😊😊😊

방문 후기

해운대 암소갈비집

TEL. 051-746-3333

식당 주소

부산 해운대구 중동2로10번길 32-10

운영 시간

11:30-22:00

전화 예약 불가

주요 메뉴

생갈비(2, 3일 전 전화로 수량 확인 필수)

양념갈비

고기에 눈이 내렸나? 환상적인 마블링 자랑하는 생갈비 때깔이 보통이 아니다. 동래에서 온천욕을 한 뒤 갈비를 먹는 부산 문화에 크게 이바지를 한 곳답게 특수 제작한 불판, 다이아몬드 칼집 등 고기 제대로 먹는 법을 알려준다. 달콤한 양념갈비는 감자사리가 핵심이란다.

59년 부산의 자존심 해운대의 해변만큼
내 마음에 머물겠네.

방문 날짜 20 .   .   나의 평점   🍚 🍚 🍚

방문 후기

아저씨대구탕

TEL. 051-746-2847

식당 주소

부산 해운대구 달맞이길62번가길 31

운영 시간

07:00-21:00

둘째, 넷째 월요일 휴무

주요 메뉴

대구탕

대구뽈찜

부산국제영화제가 열리면 배우들이 찾아오는 집. 하얗고 맑은 대구
탕 국물이 제대로다.

새벽 3시에 기상해서 부산까지 달려온 보람이 있습니다.
기대 이상의 음식은 불평을 잊게 합니다.

방문 날짜 20 . .   나의 평점

방문 후기

양가네양곱창

TEL. 051-741-1157

식당 주소

부산 해운대구 구남로8번길 7-3

운영 시간

16:00-24:00

주요 메뉴

모둠구이

특양구이

소기름에 튀겨서 초벌을 하는 게 이 집의 비법. 여기에 칼집을 넣어 식감도 살리고 양념도 잘 배게 했다.

친구야, 음식은 바닥인데 어째 일어날 기미가 없는가.
음식값이 없나 돌아갈 집이 없나.
내일도 이 집 영업은 계속될 것이니 걱정 말고 일어나시게.

방문 날짜 20   .   .   나의 평점 🍚🍚🍚🍚🍚

방문 후기

시골갈비

TEL. 054-857-6667

식당 주소
경북 안동시 음식의길 14

운영 시간
10:00-21:30
연중무휴

주요 메뉴
한우 생갈비
한우 양념갈비

안동식 갈비는 주문 즉시 다진 마늘과 함께 양념을 바로 묻혀 나가는 것이 특징. 고소하고 씹는 식감이 뛰어난 이 집의 비법은 암소가 아닌 황소를 사용하는 것이다.

갈비찜(고춧가루를
              늘여가 반세요)

안동 음식은 맵고 짜다.
매운맛은 고춧가루가 살아서 치르듯이 혀를 공격한다.
안동은 암소는 눈길도 주지 않는다.
황소만 사랑한다. 고기가 고소하고 차지다.
다른 맛의 등장을 용서하지 않는다.

방문 날짜 20   .   .   나의 평점 🍚🍚🍚🍚🍚

방문 후기

효자통닭

TEL. 054-853-8890

식당 주소

경북 안동시 당북길 54

운영 시간

11:00-21:00

일요일, 월요일 휴무

(재료 소진 시 조기 마감)

주요 메뉴

조림닭

찜닭

마늘닭

찜닭을 조금 더 졸여 국물 없이 만들면 조림닭이 된다. 찜닭과 다르게 당면이 없고 감자와 떡 조금에 나머지는 모두 닭고기다. 달콤하면서도 묵직하고 칼칼한 매운맛이 매력적이다.

안동에는 닭 요리가 많다.
치고, 볶고, 튀기고, 삶고….
닭 한 마리로 3인 식사가 거뜬하다.
옆자리의 처녀가 말했다.
"지는 닭 한 마리 다 묵고 국물에
밥 한 그릇 더 비벼서 마무리합니더."
전국의 총각들이여 명심하라.
안동 색시는 식비가 많이 든다.

시장밥집

TEL. 054-732-7350

식당 주소
경북 영덕군 영덕읍 남석길 23-10

운영 시간
전화 후 방문 추천

주요 메뉴
정식(재료 수급에 따라 반찬 및 가격이
다릅니다.)
생선구이, 김치찌개

그날그날 주인장이 사 오는 재료에 따라 반찬의 구성과 가격이 달라지는 백반. 10,000원 밥상에 물가자미조림, 생선구이, 생선찌개 등이 나오니 놀라울 뿐이다. 특히 매콤하면서도 달달하고, 생선 비린내 슬쩍 나면서 짭짤한 통멸치젓에 밥 한 그릇을 뚝딱 해치워 버렸다.

밥값 10,000원인데 사람 따라, 시세 따라
7,000원도 되고, 8,000원도 된다.
이래서 시장의 밥집은 맛도 있지만, 재미도 있다.

방문 날짜 20 . .	나의 평점

방문 후기

영덕물가자미 전문점

TEL. 054-734-5292

식당 주소

경북 영덕군 영덕읍 영덕대게로 939

운영 시간

10:00-20:00
휴식시간 15:00-17:00
화요일 휴무

주요 메뉴

물가자미 정식
물가지미찌개
물가자미회

이곳의 물가자미회는 사과, 미역, 양배추 등을 넣고 초장과 같이 섞어 먹는데, 새콤달콤하니 간이 튀지도 않으면서 맛있다. 물가자미찌개의 가자미 살은 입에서 녹아 버릴 정도로 부드럽고, 국물은 얼큰하니 고추장 맛이 진하다. 영덕 사람들이 왜 물가자미를 좋아하는지 알겠다.

영덕에는 게만 있는 것이 아니다.
영덕 사람들은 물가자미를 더 많이 먹는다.
그렇다.
다 이유가 있었다.
사랑한다.

방문 날짜 20   .   .   나의 평점 😊😊😊😊😊

방문 후기

팔팔식당

TEL. 054-872-2118

식당 주소

경북 청송군 진보면 경동로 5157

운영 시간
10:00-20:00

주요 메뉴
닭불고기
닭백숙

닭 가슴살을 다진 뒤, 네모나게 펴서 구운 닭불고기는 닭 가슴살을 안 좋아하는 내게 새로운 만남을 선사했다. 일명 '겉바속촉', 겉은 바삭하고 속은 촉촉한 데다 청송 사과가 들어가 단맛이 올라오니 아주 새롭다. 청송 약수로 끓인 닭백숙도 구수하니 훌륭하다. 엄지 척.

주왕산 아래 행세 깨나 부리는 닭집이 있다네.
그 행세는 허세가 아니었네.

방문 날짜 20   .   .   나의 평점

방문 후기

대화식당

TEL. 054-241-5955

식당 주소

경북 포항시 북구 죽도시장11길 6-5

운영 시간

06:00-16:00
일요일 휴무

주요 메뉴

정식(메뉴는 매일 바뀝니다.)
땡초+멸치김밥
땡초+진미김밥

30년이 넘는 세월 동안 죽도 시장 상인들의 점심을 책임져 온 식당.
메뉴는 7,000원 백반 하나로, 완전 보리밥, 반반 보리밥, 쌀밥 중 하나
를 선택할 수 있다. 냉이된장찌개, 고등어구이 등 집밥 같은 반찬들과
시장의 북적북적한 소리까지, 참 정겨운 곳이다.

맛이 짭조름하지만 경래합니다.
큰불처럼 일어난 이유가 있습니다.

방문 날짜 20   .   .   나의 평점

방문 후기

고바우식당

TEL. 054-247-7306

식당 주소
경북 포항시 북구 중앙상가5길 15

운영 시간
16:00-23:00
주말 12:00-23:00

주요 메뉴
주물럭, 석쇠 구이
오징어불고기, 육회

돌판에서 굽는 주물럭. 양념은 과하게 맵거나 짜지 않아 좋고, 고기는 씹을수록 고소하다. 무엇보다 주물럭의 하이라이트는 볶음밥. 밥과 찰떡인 고추장 양념에 돼지기름의 고소한 맛까지 더해지니 최고의 볶음밥이 탄생했다. 석쇠 구이도 놓칠 수 없는 단골 인기 메뉴다.

포항에서 남녀노소 아우성입니다.

방문 날짜 20   .   .   나의 평점 🍚🍚🍚🍚🍚

방문 후기

할매문어집

TEL. 054-772-0898

식당 주소
경북 경주시 성동동 57-3

운영 시간
07:30-19:00

주요 메뉴
문어무침(전화 예약 필수, 포장만 가능)

참문어를 예쁜 모양으로 삶으려면 대가리를 잡고 팔팔 끓인 물에 넣었다, 뺐다를 계속 반복해야 한단다. 적당히 잘 익은 문어를 살짝 얼려서 얇게 썬 뒤, 마늘, 청양고추를 넣고 양념을 하면 금세 매콤한 문어무침 완성이다. 제대로 삶아진 문어는 부드럽기 그지없다.

시장에서 싱싱한 놈을 삶아
바로 무쳐 낸 문어는 맛이 그만이네.
내일 손자들이 우리 집에 온다니까
썰어서 먹일 작정으로 반 마리를 사고 말았네.

방문 날짜 20   .   .   나의 평점 😋😋😋😋😋

방문 후기

퇴근길
숯불갈비

TEL. 054-743-9933

식당 주소

경북 경주시 금성로 190

운영 시간

12:00-21:00

휴식 시간 15:00-17:00

화요일 휴무

주요 메뉴

갈비

불고기

소금구이

오래된 한옥이 한껏 기대감을 높이는 집. 역시나 경주에서 나고 자란 한우만 고집한단다. 34년 경력의 주인장이 일일이 칼집을 낸 갈비는 그 식감이 확실히 남다르다. 생고기에 양념을 살짝만 한 경주식 불고기도 씹을 때마다 육즙이 넘칠 듯이 나오는 것이, 아주 맛있다.

자부심이 똘똘 뭉친 집.
이런 집을 만나면 자연스레 이 말이 튀어나온다.
"견뎌줘서 고맙다."

방문 날짜 20 .   .   나의 평점 🍚🍚🍚🍚🍚

방문 후기

삼릉고향 손칼국수

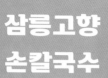

TEL. 054-745-1038

식당 주소

경북 경주시 삼릉3길 2

운영 시간
08:30-20:30

주요 메뉴

손칼국수
해물파전

아홉 가지 곡물이 들어 간 국물과 우리 밀로 반죽한 면. 그 고소한 향
이 코끝을 맴돈다.

밀가루, 콩가루, 보릿가루, 깻가루 다 덤벼라!

우리 밀이 여기 있다!

방문 날짜 20 . .	나의 평점 🍚🍚🍚🍚🍚
방문 후기	

화산숯불

TEL. 054-774-0768

식당 주소

경북 경주시 천북면 천강로 460

운영 시간

11:00-21:00

일요일 11:00-20:00

주요 메뉴

갈빗살소금구이

갈빗살양념구이

육회

반찬만 스물세 가지. 손님들이 좋다니까 신이 나서 하나씩 넣다 보니
이렇게 됐단다.

육회와 생간이 젓가락을 놓을 수 없게 하는구려.
서산에 해 넘어간 지 한참인데….
빨리 일어나야 하는데….

방문 날짜 20   .   .   나의 평점 🍚🍚🍚🍚🍚

방문 후기

너구리식당

TEL. 054-535-9292

식당 주소

경북 상주시 서성3길 9

운영 시간

17:00-23:30

일요일 휴무

전화 예약 추천

주요 메뉴

한우뭉티기

모둠구이

도축한 지 24시간 이내의 신선한 소고기로만 만들 수 있는 뭉티기. 거세하지 않은 소를 사용해 육질이 쫄깃하고 육향이 진한 것이 이 집의 특징이다. 뭉텅뭉텅 썰어 나온 뭉티기는 처음엔 구수하고 이후엔 단맛이 싹 올라온다. 온전한 맛을 느끼려면 소금만 살짝 찍어 먹어야 한다.

생고기 좋고, 구이 좋고, 된장찌개 맛도 훌륭합니다.
※ 앗! 촬영 끝나고 먹은 열무된장밥이 최고였습니다.

방문 날짜 20   .   .   나의 평점

방문 후기

셔보냇가

TEL. 054-532-5978

식당 주소

경북 상주시 영남제일로 1971-14

운영 시간

10:30-16:00
월요일 휴무
명절 전일, 당일 휴무

주요 메뉴

메기매운탕

직접 만든 조청고추장으로 민물고기 비린내를 완전히 잡았다! 잡냄새 없이 깔끔하고 칼칼한 국물, 무르지 않고 통통한 메기 살, 씹는 맛 좋은 토란대 가득한 매운탕에 민물고기 별로 좋아하지 않던 내 입맛도 바뀔 듯하다. 동면 전 메기가 제일 맛있다니, 겨울에 놓치지 말고 드시지요.

오래 지내다 보면
개울 건너 미웠던 놈이 이뻐 보일 때가 있다.
민물매운탕이 그렇다.

방문 날짜 20 . .   나의 평점 🍚🍚🍚🍚🍚

방문 후기

수라간

TEL. 054-535-8890

식당 주소

경북 상주시 상서문3길 119

운영 시간

11:30-21:00

월요일 휴무

주요 메뉴

한우불고기정식

한정식(하루 전 예약 필수)

100년 한옥에 품위 있는 밑반찬이 불고기 맛을 짐작 가게 한다. 목이버섯, 새송이버섯, 시금치 올라간 불고기는 손님상에서 끓여 먹는데, 일반적인 불고기보다 국물이 맑고 담백하다. 고기는 입 속에서 부드럽게 씹히고, 남해 시금치는 단맛이 쭉쭉 나와 존재감을 드러낸다.

저는 총각 때 하숙집 신세를 많이 졌었습니다.
결혼 후 하숙은 할 일 없겠다 싶었는데 웬일….
이 집에서 하숙했으면 좋겠습니다.

방문 날짜 20 . .	나의 평점

방문 후기

영원식당

TEL. 054-532-4527

식당 주소

경북 상주시 사벌국면 덕담1길 82-10

운영 시간

11:30-14:00

일요일 휴무

(재료 소진 시 조기 마감)

주요 메뉴

뽕잎손칼국수

배추와 감자가 들어가는 독특한 칼국수. 면도 콩가루와 뽕잎 가루를 넣어 반죽해서 그런지 보통의 칼국수와는 확연히 다른 맛이 난다. 이 집 칼국수의 묘미는 조선간장과 방금 무친 콩나물무침을 넣어 먹는 것인데, 아삭아삭한 식감이 부드러운 면발과 잘 어울린다.

칼국수, 배추전, 콩나물.
각기 다른 부대가 있으되
총사령관은 조선간장 양념장이었습니다.

방문 날짜 20   .   .   나의 평점

방문 후기

729

남산가든

TEL. 054-535-2281

식당 주소
경북 상주시 신서문1길 137

운영 시간
11:30-21:00
첫째, 셋째, 다섯째 일요일,
둘째, 넷째 월요일 휴무

주요 메뉴
간장석쇠구이
고추장석쇠구이

경상도 음식은 다 맵고 짜다는 편견은 가라! 삼삼한 돼지석쇠구이 한 번 맛보면 그 말이 입에 쏙 들어갈 테다. 간장석쇠구이는 양념을 했는 지 안 했는지 모를 정도로 은은한 간장 맛을 뽐내고, 고추장석쇠구이는 불 향만이 기분 좋게 남을 뿐이다. 이 집 음식 간, 참으로 절묘합니다.

산장 같은 움푹한 별채.
미인과 돼지고기는 끝없이 술을 부르노라 ~ ~ ~

방문 날짜 20   .   .   나의 평점 🍚🍚🍚🍚🍚

방문 후기

왕비천이게대게
왕비천점
TEL. 054-787-8383

식당 주소
경북 울진군 근남면 불영계곡로 3630

운영 시간
10:00-19:30
휴식시간(평일) 15:00-17:00

주요 메뉴
대게짜박이
즉석밥

대게를 된장, 고추장에 박아 두고 오래 보관하던 울진 향토 음식 '짜박이'. 삼삼하니 참 맛나다.

전국 해변에 게는 많지만
여보시게, 이 집 대게짜박이 잡숴 보시게.
아름답구먼~~.

방문 날짜 20   .   .   나의 평점 🍚🍚🍚🍚🍚

방문 후기

제일반점

TEL. 054-782-3466

식당 주소

경북 울진군 죽변면 죽변중앙로 168-13

운영 시간

11:00-21:00

주요 메뉴

비빔짬뽕면
탕수육

50년 내공이 담긴 고추기름장으로 만든 비빔짬뽕면. 면에 양념이 착

달라붙어 떨어지지 않는다.

주문→계산→음식 받기→빈 그릇 수거까지

전부 손님 몫입니다.

그러나 맛이 보상합니다.

방문 후기

신사랑방

TEL. 054-456-3326

식당 주소

경북 구미시 금오산로 140

운영 시간

10:30-21:00

첫째, 셋째 월요일 휴무

주요 메뉴

북어물찜

북엇국

특허까지 냈다는 북어물찜. 폭신하고 통통한 북어 살과 슬금슬금 올라오는 매운맛 양념이 조화롭게 어울린다.

안동의 간고등어가 마지막 생선인 줄 알았드만
구미에 북어가 있을 줄이야!
북어의 재탄생!

방문 날짜 20 . . 나의 평점

방문 후기

종갓집추어탕

TEL. 054-604-3051

식당 주소

경북 구미시 임은3길 16

운영 시간

11:00-21:30

휴식시간 15:00-17:00

일요일 휴무

주요 메뉴

추어탕

닭볶음

그릇만 보아도 맛을 안다. 손님께 대접받는 느낌을 드리고자, 그릇을
주문 제작해서 쓴단다.

주인이 이승연 씨에게만 그릇을 선물했지만

결코 화를 낼 수 없었습니다.

이 집의 음식 맛은 그릇부터 감동을 주기 때문입니다.

방문 날짜 20 . . **나의 평점** 🍚🍚🍚🍚🍚

방문 후기

산동식당

TEL. 054-471-3067

식당 주소
경북 구미시 산동읍 강동로 1001

운영 시간
10:30-21:30
라스트 오더 21:00

주요 메뉴
머릿고기
수육(방문 1시간 전 예약 필수)

두항정살, 볼살, 목덜미살, 혀. 같은 머리에서 왔는데 이렇게 개성이
뚜렷할 수가!

주변 골프장 손님들에게 인정 받은 20년.

헛된 시간이 아니었습니다.

방문 날짜 20 . .	나의 평점

방문 후기

한우생고기

TEL. 053-812-3487

식당 주소
경북 경산시 성암로21길 11-8

운영 시간
16:00-24:00
주말 휴무

주요 메뉴
생고기+육회
한우물회

근막을 일일이 제거해 질기지 않고 쫀득한 한우 우둔살 생고기. 산뜻
하게 양념한 한우물회는 별미!

한우물회 발견!

방문 날짜 20   .   .   나의 평점

방문 후기

은혜추어탕

TEL. 055-245-1441

식당 주소
경남 창원시 마산합포구 산호시장길
35

운영 시간
11:00-17:00
첫째, 셋째, 넷째 일요일 휴무

주요 메뉴
추어탕
명태전

멸치젓갈, 된장, 간장 등 직접 담근 재료를 사용한다고 당당히 써 붙여놓은 자부심이 대단하다. 백반집에 뒤지지 않는 정갈한 반찬에 국물이 맑은 경상도식 추어탕은 명품이다.

맛이 깊다. 예술이다. 엄지 '척'이다.
이런 식당이 집 주위에 있다면 얼마나 좋을까.

방문 날짜 20 . .   나의 평점 🍚🍚🍚🍚🍚

방문 후기

화성갈비

TEL. 055-246-9194

식당 주소
경남 창원시 마산합포구 오동서7길
36

운영 시간
12:00-21:00
월요일, 화요일 휴무

주요 메뉴
한우 갈비
한우 불고기
한우 갈비탕

날마다 소갈비를 직접 골라와 손질하고 재우는 일까지, 한우 갈비도 맛있지만 갈비와 양지를 넣고 푹 끓여 맑으면서도 진하고 담백한 갈비탕도 일품이다.

갈비탕이야 흔한 음식이지만 이 집은 고기가 매우 좋다.
그러니 맛도 좋다.
고기를 묵묵히 다듬고 있는 노부부의 칼질이 세월을 말한다.
이 집의 갈비살구이도 다른 집과 비교할 수 없는 맛의 깊이가 있다.

방문 날짜 20   .   .   나의 평점 🍚🍚🍚🍚🍚

방문 후기

휘모리

TEL. 055-241-5388

식당 주소

경남 창원시 마산합포구 중앙남1길
9-1

운영 시간

11:00-21:00
첫째, 셋째 일요일 휴무

주요 메뉴

미더덕 비빔밥
탱수국

봄 도다리 미역국, 성게 비빔밥, 생선회, 여름 물회, 장어구이, 장어 매운탕, 겨울 생대구탕, 물메기탕, 탱수국 등 제철 생선국을 시원하고 깔끔하게 즐길 수 있는 집이다.

탱수라니···.

처음 듣는 생선 이름이다.

삼세기의 방언이다.

이 집 메뉴에는 사철을 맛볼 수 있게

다양한 생선들이 쓰여 있다.

| 방문 날짜 | 20 . . | 나의 평점 | |

방문 후기

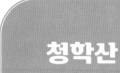

청학산

TEL. 055-962-4183

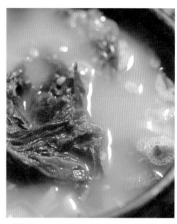

식당 주소

경남 함양군 함양읍 함양로 619-6

운영 시간

10:00-21:00

둘째, 넷째 월요일 휴무

주요 메뉴

콩잎 곰국 정식

돌솥 두루치기

버섯 전골

남도 백반 저리 가라 할 정도의 반찬인데 하나같이 밥도둑이라 할 만큼 맛있다. 70년 노포의 저력은 콩잎 곰국에서 빛을 발한다. 푹 고아낸 곰국의 살짝 느끼한 맛을 잘 잡아준 콩잎에 세월의 지혜가 엿보인다.

콩잎 곰국이 주목 대상이다.
어린 콩잎을 따서 잔털을 없애고 딸렸다가 1년 동안 쓴다.
콩잎으로 어떻게 이런 맛을 낼 수 있을까?
〈백반기행〉의 보물 창고는 차곡차곡 채워진다.

방문 날짜 20 . . 나의 평점

방문 후기

대성식당

TEL. 055-964-5400

식당 주소

경남 함양군 함양읍 용평6길 4

운영 시간

11:00-19:30
토요일 11:00-15:00
일요일 휴무

주요 메뉴

소고기국밥
수육

수육과 소고기국밥 단 두 가지. 정갈한 기본 반찬 뒤에 아롱사태를 고집한 자작한 국물의 수육은 부드럽고 아주 맛있다. 수육 국물에 쌀뜨물을 넣어 더 맑게 끓여낸 소고기국밥은 60년의 지역 명물.

100년 가옥, 40년 내공.
수육 접시에 국물이 자박자박하다.
덕분에 고기가 마르지 않는다.
주인의 수줍음이 아직도 눈에 아른거린다.

방문 날짜 20   .   .   나의 평점 🍚🍚🍚🍚🍚

방문 후기

조샌집

TEL. 055-963-9860

식당 주소

경남 함양군 함양읍 학사루길 36

운영 시간

11:00-20:00
둘째, 넷째 목요일 휴무

주요 메뉴

메기 매운탕
메기찜
어탕 국수

아들이 함양 맑은 물에서 붕어, 메기, 피라미 등을 잡아 오면 어머니는 뽀얀 국물이 나올 때까지 푹 끓인 뒤에 살을 발라내고 국수와 얼갈이배추, 고춧가루를 풀어 다시 끓여낸다. 먼 길 달려온 보람을 맛볼 수 있다.

돈벌이는 하지 않고 민물고기 잡아 어탕 끓이고
술만 마셨던 남편이 어지간히 미웠다.
그러나 욕하지 마시라.
그 어탕이 이 집의 시작이다.
40년 내공은 남편의 혜안이 아니고 무엇이겠는가.

방문 날짜 20   .   . 나의 평점

방문 후기

훈이시락국

TEL. 055-649-6417

식당 주소

경남 통영시 새터길 42-7

운영 시간

04:30-15:30

연중무휴

주요 메뉴

시락국

생기 넘치는 서호시장 상인들의 아침을 책임지고 있는 6,000원 시락국의 기쁨. 한식 뷔페처럼 잘 차려진 18가지 찬과 생선 삶은 육수에 시래기를 넣고 끓여낸 시락국은 타의 추종을 불허한다.

쌀뜨물에다 장어머리를 넣어 끓인 국물은
심하게 고소하다.
반찬이 기억 자로 진열되어 있다.
통영의 배포인가 인심인가.
통영 사랑이 점점 쌓인다.

방문 날짜 20 　 . 　 . 　 　 　 **나의 평점** 🍚🍚🍚🍚🍚

방문 후기

팔도식당

TEL. 055-642-6477

식당 주소
경남 통영시 안개2길 25-6

운영 시간
06:00-20:00
격주 목요일 휴무

주요 메뉴
도다리 쑥국
장어구이 백반

쑥 향과 도다리가 절묘하게 어우러진 봄의 전령사 도다리 쑥국과 함께 부드러운 문어 무침, 현지에서나 맛볼 수 있는 장재젓에 참기름과 다진 마늘로 간을 한 대구알젓을 맛보는 것은 행운이다.

장재젓, 대구알젓, 도다리 쑥국.
여러 가지 반찬에 피아노 건반이 생각나는 건 왜일까요?
각기 음색이 다르듯 맛이 다릅니다.
도다리의 부드러운 맛이 감싸고 있는
쑥의 향기는 봄의 전령입니다.

방문 날짜 20   .   .   나의 평점 🍚🍚🍚🍚🍚

방문 후기

통영식당

TEL. 055-647-0188

식당 주소

경남 통영시 통영해안로 213

운영 시간
09:00-20:00

주요 메뉴
멸치 쌈밥
멸치회

통영의 봄을 알리는 또 하나의 음식은 바로 멸치 조림. 묵은 김치로 자작하게 조려낸 멸치 조림을 밥과 함께 상추쌈으로 먹는 것이 멸치 쌈밥의 정석이다. 멸치회 무침도 별미다.

남해의 봄은 멸치가 대세다.
멸치회, 멸치구이. 그중 멸치 쌈밥이 최고다.
봄에 이것을 놓치면 겨울에서 바로 여름으로 넘어간 것이다.
봄을 도둑맞은 것이다.

방문 날짜 20   .   .   나의 평점 🍚🍚🍚🍚🍚

방문 후기

물레야소주방

TEL. 055-649-0079

식당 주소

경남 통영시 동충3길 41-3

운영 시간

15:00-22:00
마감시간 전화 문의

주요 메뉴

반다찌

1인당 25,000원을 투자하면 통영의 바다를 통째로 맛볼 수 있는 제철 해산물과 술이 만나는 곳. 메뉴는 따로 없고 주인이 제철에 맞춰 싱싱한 해산물을 그때그때 준비해 내준다. 클래스가 다르다.

계속 나오는 음식.

메인과 엑스트라가 따로 없다.

얘기 나누다가 싸우면 화해하기 위해

또 와야 하는 사랑방이다.

통영의 진면목이다.

방문 날짜 20   .   .   나의 평점 🍚🍚🍚🍚🍚

방문 후기

제일식당

TEL. 055-741-5591

식당 주소
경남 진주시 중앙시장길 37-8

운영 시간
10:00-20:00
첫째, 셋째 월요일 휴무

주요 메뉴
육회비빔밥
육회
소고기선지국밥

채 썬 나물과 진주 특색의 고추장인 '엿꼬장'으로 양념한 육회를 얹은 진주 육회비빔밥. 육회와 나물이 잘게 썰어져 있어 목 넘김이 좋고, 여기에 선짓국까지 곁들이니 환상의 맛이다. 아삭한 배와 편마늘이 올려진 육회 한 접시는 80년 전통 육회의 진가를 알 수 있다.

17년 전쯤부터 먼저 가신 그분과 매년 겨울이면 찾았던 곳.
그분이랑 앉았던 의자는 저쪽에 있지만, 그분은 보이지 않는다.
추억은 잔잔하지만, 슬픔을 느낄 때가 많다.

방문 날짜　20　.　.　　　나의 평점

방문 후기

하동집

TEL. 055-741-1410

식당 주소

경남 진주시 진양호로 553

운영 시간

08:00-20:00

주요 메뉴

복국
아귀수육
복수육

생물 아귀를 살짝 데친 아귀수육은 고소한 간부터 쫄깃한 대창까지 모든 부위가 맛있다. 복국도 맑고 깨끗한 맛이 가히 일품. 특히 이 집의 자부심인 무 식초는 신맛이 나면서 은근한 단맛이 있는데, 복국에 조금 넣어 먹거나 아귀를 찍어 먹으면 맛이 한층 더 살아난다.

이 집의 무 식초는 가히 예술이다.
시큼한 맛이 입안을 찌르지 않고 단맛까지 뿜어낸다.
좋은 음식은 그리움을 부른다.

방문 날짜 20   .   .   나의 평점 🍚🍚🍚🍚🍚

방문 후기

평양빈대떡

TEL. 055-742-3412

식당 주소

경남 진주시 진양호로 513

운영 시간

17:30-24:00

전화 후 방문 추천

주요 메뉴

거지탕

갈치조림

평양 빈대떡

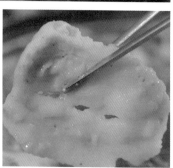

먹을 것 없던 시절, 거리의 배고픈 사람들이 제사 때 남은 음식을 동냥해 와서 같이 끓여 먹었다는 거지탕. 여섯 가지 전에 각종 생선이 들어가는데, 갓 만든 전이 아닌 말린 전을 써서 감칠맛은 더하고, 국물 속에서 풀어지는 것도 막았다. 진주에 다시 와야 할 이유가 늘었다.

충격이었네.
이런 음식은 처음이었네.
"거지탕"
제삿집에서 동냥한 음식들을 끓이는데
구수하고, 짜고, 비리고, 맵고….
진주 거지는 품격이 있어서 남부럽지 않았을 것이네.

방문 날짜 20 . .   나의 평점

방문 후기

산청흑돼지

TEL. 055-747-0199

식당 주소
경남 진주시 북장대로59번길 7-1

운영 시간
10:00-22:00

주요 메뉴
갈비수육, 땡초갈비찜
생고기, 갈비김치찌개

갈비수육은 국물의 구수하고 깔끔한 맛에 첫술을 뜨자마자 감탄이 나온다. 갈빗살은 푹 익어 쉽게 발라지며, 별다른 양념이 되어 있지 않아 담백하니 맛있다. 취향대로 고추냉이, 갈치액젓, 천일염, 된장에 찍어 먹는 것도 재미. 정반대의 땡초갈비찜은 매운데도 자꾸 손이 간다.

진주 사람들만 땡긴다 쿠데.
무봉게 맛있드마~
이런 건 숨기지 딸고 나눠 무웁시데이~

방문 날짜 20 .   **나의 평점**

방문 후기

771

군령포하모 자연산횟집

TEL. 055-672-2195

식당 주소
경남 고성군 삼산면 두포5길 426

운영 시간
12:00-19:00

주요 메뉴
자연산 하모회, 하모샤브샤브
하모곰국(메인 메뉴 주문 시 주문 가능)

불그스름한 색깔과 번들번들한 기름기로 눈을 사로잡는 하모(갯장어) 회. 한 젓가락 크게 집어 채소와 초장, 콩가루와 비벼 먹으면 고소하고 묘한 매력이 있다. 특히 하모를 통째로 넣고 형체가 다 없어질 때까지 푹 끓인 곰국은 그야말로 진국. 여름철 보양식으로 단연 최고다.

양쪽 방에서 소주를 걸치고
"위하여!"를 외쳐대지만
하모회의 맛을 그 정도 구호로 그쳐서야 되겠는가?
"위위위위위하여!!"

방문 날짜   20   .   .   나의 평점   🍚🍚🍚🍚🍚

방문 후기

옥천식당

TEL. 055-672-0081

식당 주소
경남 고성군 개천면 연화산1로 544

운영 시간
11:00-19:00

주요 메뉴
닭국
오리백숙
고추전

무와 감자를 넣고 토종닭으로 끓여낸 닭국. 삼계탕, 백숙과 비슷할 것 같지만 국에 무가 들어가 시원한 맛이 먼저 올라온다는 점에서 차이가 있다. 맑은 국물은 소금으로만 간을 해 깔끔하기 그지없고, 살코기는 구수하며 부드럽게 씹힌다. 넓게 부친 고추전도 매콤하니 별미.

깊은 산중 50년 역사의 닭국.
장대 소나기 음침한 술길을 헤치고 온 보람이 그득하구나.

방문 날짜 20   .   .   나의 평점 🍚🍚🍚🍚🍚

방문 후기

원조강변할매
재첩회식당
TEL. 055-882-1369

식당 주소

경남 하동군 고전면 재첩길 286-1

운영 시간

08:00-20:00

주요 메뉴

하동 재첩국
재첩회

섬진강 주변 수많은 재첩 식당 중에서도 힘 좀 깨나 쓴다는 집. 참게양념볶음이나 제피열무김치 등 10가지 넘는 찬에서 경상도 특유의 짭조름함과 제피 향이 느껴진다. 뽀얗고 맑은 국물과 통통한 재첩 살 가득한 재첩국은 보약이 따로 없는 맛. 사과 채 들어간 재첩회도 상큼하다.

재첩국 기다리는 섬진강으로 갑시다.
재첩국을 쭈우욱 들이켜고 숙취를 날려버립시다.

방문 날짜 20 .   .   나의 평점

방문 후기

마루솔
한정식식당

TEL. 055-884-3478

식당 주소
경남 하동군 하동읍 시장1길 26-8

운영 시간
11:40-저녁 시간 변동
전화 후 방문 추천, 휴무일 변동
(재료 소진 시 조기 마감)

주요 메뉴
생선구이백반

강 있고 산 있어 먹을 것 많은 하동. 10,000원 정식에 나오는 김무침, 제피겉절이, 방아잎 넉넉히 들어간 흑새우된장국에 '과연 여기가 하동이구나' 느낀다. 프라이팬에 구워 겉은 바삭 속은 촉촉한 서대, 능성어, 가자미에 밥이 목을 타고 술술 넘어간다.

정식 10,000원.
전라도와 경상도 음식은
눈 감고도 알아맞힐 수 있습니다.
경상도는 제피를 많이 쓰거든요.

방문 후기

제일식당

TEL. 055-391-2724

식당 주소

경남 밀양시 하남읍 수산중앙로 41

운영 시간

08:00-19:30

셋째 화요일 휴무

주요 메뉴

돼지국밥

돼지국수

밀양 사람들의 소울 푸드 돼지국밥. 부추겉절이 소복이 올린 것이 특징인 이 집 국밥 한 숟갈 크게 떴는데 아니, 돼지국밥 국물이 이렇게 고소할 수가 있나? 기름지지 않고 깔끔한 국물, 두툼하고 촉촉한 고기에 고향 돼지국밥 자랑하는 밀양 사람들 마음을 이해하고 말았다.

돼지국밥은 부산이 먼저냐,
밀양이 먼저냐 불필요한 논쟁 마라.
국밥 식는다, 따신 국밥이 먼저다.

방문 날짜 20   .   .   나의 평점

방문 후기

사자평
명물식당
TEL. 055-352-1603

식당 주소

경남 밀양시 단장면 바드리길 8

운영 시간

11:00-18:00

주요 메뉴

정식
더덕구이

6.25도 비켜간 첩첩산중. 세월마저 비켜갔는지 커다란 느티나무, 밥 냄새 솔솔 나는 가마솥에 옛 생각이 절로 난다. 엄나무장아찌, 가죽장 아찌, 곤달비나물 등 산내음 가득한 반찬에 갓 지은 가마솥 밥과 밀된 장국, 향긋한 더덕구이까지 그야말로 어머니 손맛 가득한 밥상이다.

요리 학원은 구경조차 못한
사장님의 솜씨는 비길 곳 없는데,
미슐랭 가이드는 이곳을 놓치고 말았구나.

방문 날짜 20   .   .   나의 평점 🍚🍚🍚🍚🍚

방문 후기

향촌갈비

TEL. 055-354-2538

식당 주소

경남 밀양시 내일상가1길 10

운영 시간

11:30-21:00

라스트 오더 19:30

목요일 휴무

주요 메뉴

돼지갈비

소갈비

130년간 대대로 살던 한옥을 개조한 식당. 분위기 남다른 식당답게 손 재주 좋은 사장님이 특별 제작한 화로가 눈길을 사로잡는다. 소갈비는 양념을 단순하게 해 담백하고 부드럽게, 돼지갈비는 소갈비보다 진하게 양념을 해 맛을 잡았다니, 각각의 매력을 살릴 줄 아는 집이다.

이 향기~~
이 맛은~~
영남루에서 놀던 선비들을
부르고도 남는구나.

방문 날짜 20   .   .   나의 평점 🍚🍚🍚🍚🍚

방문 후기

순할머니
손칼국수

TEL. 055-933-7004

식당 주소

경남 합천군 합천읍 충효로 113

운영 시간

10:30-17:00
라스트 오더 16:30
월요일, 화요일 휴무

주요 메뉴

전통칼국수
고추부추전
배추전

밀가루, 콩가루, 옥수수 가루로 반죽한 면. 감자를 으깨 넣어 부드럽고 구수한 국물.

오늘 밤,
잠꼬대한다면 아마 이 집 절절이가 원인일 것입니다.
환장하게 맛있습니다~~.

방문 날짜 20   .   .   **나의 평점**

방문 후기

박셔방식당

TEL. 055-833-8199

식당 주소
경남 사천시 유람선길 14

운영 시간
11:00-15:30
화/수/목요일 휴무
(재료 소진 시 조기 마감)

주요 메뉴
백반정식

17년 내공의 백반집. 새우장, 전복장, 김장에 피꼬막과 메기구이까지. 밥 도둑은 여기 다 모였다.

전복장, 새우장, 김장.

이런 걸 밥상에 내어놓고 이 가격에.

환장하겠네요.

방문 날짜 20 . . 나의 평점 🍚🍚🍚🍚🍚

방문 후기

풍년복집

TEL. 055-832-8909

식당 주소

경남 사천시 수남길 82

운영 시간

06:00-18:00

주요 메뉴

참복국
복매운탕

자연산 참복국. 모 대기업 회장님도 단골이라는데, 막상 들어가는 재료는 신선한 생선과 조선간장이 끝이란다.

대기업 회장님이 쫓겨나셨나가 단골이 된 집.
그분의 입맛이 짐작됩니다.

방문 날짜 20 . .   나의 평점 😋😋😋😋😋

방문 후기

한밭갈비

TEL. 055-833-9999

식당 주소

경남 사천시 목섬길 26

운영 시간

17:00-21:30

토요일 11:00-21:30

일요일 휴무

주요 메뉴

돼지생갈비

된장찌개

당일 도축장에서 공수해 온 갈비를 직접 정형해서 쓰는 곳. 얇게 썬
고기 맛을 이제서야 알았다.

돼지생갈비, 양념갈비도 좋았지만
마무리 된장찌개는 웬일입니까.
화려한 피날레였습니다.

방문 날짜 20   .   .   나의 평점

방문 후기

재두식당

TEL. 055-862-6022

식당 주소
경남 남해군 상주면 남해대로 918-6

운영 시간
10:00-15:00
월요일, 화요일 휴무

주요 메뉴
멸치조림쌈밥
수제도토리묵

농사지은 배추로 담근 묵은지가 기가 막힌 멸치조림. 쌈에 밥 한 술,
멸치 한 마리 올린 뒤에 꼭 국물을 넣어 싸 먹자.

멸치조림의 비린내.
보리암 스님들은 어떻게 참고 지내실까.

방문 날짜 20 .   . 나의 평점

방문 후기

단골집

TEL. 055-864-5190

식당 주소

경남 남해군 남해읍 망운로 1-17

운영 시간

12:00-12:30

전화 예약 필수

주요 메뉴

정식

두루치기

100% 예약제로 점심에 딱 일곱 팀만 받는다. 부세구이, 콩잎장아찌, 멍게무침, 갑오징어구이까지, 서울 올라올 생각 없으세요?

정성 으뜸.
가성비 짱!

방문 날짜 20   .   .   나의 평점 ⬤⬤⬤⬤⬤

방문 후기

부산횟집

TEL. 055-862-1709

식당 주소

경남 남해군 서면 남서대로 1727-15

운영 시간

11:00-19:00

휴식시간 14:30-15:30

둘째, 넷째 월요일 휴무

주요 메뉴

물회

회무침처럼 국물이 많지 않은 물회. 직접 만든 초장을 한 달 숙성해서 쓰는 게 비법!

단일 메뉴로 50년.
갈매기만 보고 지낸 세월이 아닙니다.
지금 아쉬운 것은 문 앞 바닷가에 앉아
소주 한 잔 못 하고 돌아온 것입니다.

방문 날짜 20   .   .   나의 평점 🍚🍚🍚🍚🍚

방문 후기

광주·전라·제주 밥상

광신보리밥

TEL. 062-264-1811

식당 주소
광주 북구 두리봉길 2-1

운영 시간
11:00-20:00
둘째, 넷째 월요일 휴무

주요 메뉴
보리밥 백반

메뉴는 9,000원 보리밥 하나. 20여 가지 반찬에 제육볶음과 된장찌개까지 진수성찬이다. 나물을 듬뿍 넣고 고소한 기름과 양념장으로 비벼 먹는데, 토하젓을 넣어주는 게 단골들의 추천 레시피.

2녀찬. 열무잎 쌈을 오랜만에 먹었다.

즙이 울컥, 정이 울컥, 맛이 울컥.

열무잎에서 나오는 순수하디 순수한 맛은

쉽게 만나지 못할 자연의 맛이다.

반찬이 싱겁다.

모두 모아 밥을 비비면 짜지니까 싱겁게 간을 한단다.

또 한 수 배웠다. 배우는 것은 즐겁다.

방문 날짜 20   .   .   나의 평점

방문 후기

육전명가

TEL. 062-384-6767

식당 주소

광주 서구 상무자유로 174

운영 시간

11:30-22:00
연중무휴

주요 메뉴

육전, 키조개전
홍어전, 굴전(겨울)

손님 앞에서 직접 구워주는 아롱사태로 만든 육전에 묵은지와 파절이, 갈치속젓과 함께 싸 먹으면 그 맛이 일품이다. 삼합으로 즐기는 육전이다.

→ 깊은맛을
느낄수 있다
젓갈은 으나
음식의 주축
이다

육전은 반가의 음식이다.
젓갈의 역할을 최근에야 알았다.
육전을 묵은지와 파절이에 쌀 때
멸치젓갈을 조금 얹으면 육전의 느끼함이 사라지고
한층 깊은 맛을 느낄 수 있다.
젓갈은 우리 음식의 주축이다.

방문 날짜 20 . . 나의 평점 🍚🍚🍚🍚🍚

방문 후기

송정떡갈비 1호점

TEL. 062-944-1439

식당 주소
광주 광산구 광산로29번길 1

운영 시간
09:30-21:30
첫째 월요일(공휴일인 경우 화요일),
일요일 휴무

주요 메뉴
한우떡갈비
육회비빔밥

열네 가지 반찬과 연탄불 위에서 비벼 나온 육회비빔밥, 서비스 돼지 등뼛국까지 무엇 하나 빠지는 것이 없다.

육회비빔밥 좋구나.
떡갈비도 좋구나.
덤으로 나온 뼛국은 더 좋구나.

방문 날짜 20 .   .   나의 평점

방문 후기

앵무동

TEL. 062-676-6533

식당 주소

광주 남구 봉선로79번길 2

운영 시간

17:00-22:00

(재료 소진 시 조기 마감)

주요 메뉴

소고기+낙지탕탕이
낙지연포탕

신안 갯벌 낙지만 고집하는 곳. 연포탕은 멸치 없이 채소만 넣고 끓여
낙지 맛 그대로를 느낄 수 있다.

낙지 축제.
낙지의 처음과 끝.
그 맛에 홀린 남녀…

방문 날짜 20 . .   **나의 평점**

방문 후기

막동이회관

TEL. 062-222-0840

식당 주소

광주 동구 남문로 614

운영 시간

11:00-21:30
휴식시간 14:30-16:30
격주 일요일 휴무

주요 메뉴

생고기
토시살

이 집 우둔살 생고기는 막장에 푹 찍어 꼭꼭 씹어 먹어야 제맛을 느낄 수 있다.

광주 여행,
이 집 들르지 않으면 무효!!

방문 날짜 20 . .   나의 평점

방문 후기

셔울식당
(셔울집)
TEL. 063-251-7093

식당 주소
전북 전주시 덕진구 모래내5길 10-4

운영 시간
14:00-21:30

주요 메뉴
막걸리 한 상

막걸리 한 주전자에 따라 나오는 그날그날 다른 재료를 맛볼 수 있는 반찬만 해도 스무 가지가 넘는다. 홍어애탕, 삶은 통오징어 등 한 메뉴 값만으로도 넘칠 만큼 푸짐하다.

3만 원에 막걸리 한 주전자를 사면

이 밥상이 딸려 나온다.

깻잎, 초장, 갑오징어, 육회 된장, 밤, 문어, 김치, 마늘,

풋고추, 깍두기, 고동, 메추리알, 전어회, 전어구이, 홍어회,

시사모, 눌린 고기, 홍어찌개, 새우젓 등등.

어떻게 그런 계산이 가능할까?

한참 만에 답을 찾았다. 그것은…

방문 날짜 20   .   .   나의 평점 😊😊😊😊😊

방문 후기

하숙영
가마솥비빔밥
TEL. 063-285-8288

식당 주소

전북 전주시 완산구 전라감영5길
19-3

운영 시간

11:00-20:30
일요일 11:00-20:00
수요일 휴무

주요 메뉴

가마솥 육회 비빔밥
가마솥 비빔밥
육회

전주를 대표하는 비빔밥집 중 한 곳으로 젊은이들 사이에서 인기 있는 집. 백반 못지않은 반찬에 색동저고리처럼 아름다운 비빔밥은 이 집만의 비법장을 넣어 비벼야 제맛이다.

이 집의 욕심은 끝이 없다.
모든 식재료(쌀 제외)를 직접 만들어 상차림을 한다.
바로 지은 밥을 내어놓는 것도 좋다.
비빔밥의 맛도 썩 좋다.
흠이 있다면 비빔밥에 이미 반찬이 다 들어 있는데
상에 깔린 반찬이 열네 가지가 넘는다.

방문 날짜 20 . .   나의 평점 🍚🍚🍚🍚🍚

방문 후기

진미집 본점

TEL. 063-254-0460

식당 주소

전북 전주시 완산구 노송여울2길
106

운영 시간

17:00-01:00
첫째, 셋째 일요일 휴무

주요 메뉴

연탄 불고기
꼬마 김밥

출출한 전주의 밤을 책임지고 있는 야식의 명가. 옛날 김밥과 돼지 불고기를 상추에 싸서 먹는 것이 이 집의 룰이다.

'진미집'이라는 상호는 아주 많다.

이 집은 가격도 그렇고 맛도 그렇고 최고다.

상추에 얹은 돼지불고기와 김밥의 조합은 상상하지 못했다.

전주가 맛있다는 소문을 확인했다.

맛있는 식탁을 만나면 발이 떨어지지 않는다.

태봉집

TEL. 063-283-2458

식당 주소

전북 전주시 완산구 전주객사5길
43-14

운영 시간
07:30-11:00

주요 메뉴
시래기 해장국
복탕
복찜

메뉴에는 복탕, 복찜, 아구찜, 아구탕, 홍어탕 등도 있지만 시래기 해장국이 더 유명한 집이다. 아들의 숙취를 해소시켜주려고 끓인 시래기국을 단골들의 성화에 내놓게 되었단다.

집된장과 시래기의 흔한 만남인데 미묘한 맛 차이로
어머니의 얼굴과 겹쳐서 눈물이 고이게 만들었다.
어머니는 음식이고 음식은 어머니이다.

방문 날짜 20 . .   나의 평점

방문 후기

한벽집

TEL. 063-284-2736

식당 주소
전북 전주시 완산구 전주천동로 4

운영 시간
11:00-21:00
명절 휴무

주요 메뉴
쏘가리탕
빠가탕
메기탕

전주 천변에서 맛볼 수 있는 민물매운탕으로 사투리로 '오모가리탕'
이라고 한다. 한옥 마을 어귀로 흐르는 천변을 바라보며 즐기는 맛이
일품이다.

빠가사리 매운탕.

주연은 빠가사리고 조연은 시래기인데
조연이 주연을 잡아먹어버렸다.
1년간 소금에 박아뒀다가 나온 시래기는
감탄할 수밖에 없는 맛을 뽐내고 있었다.

방문 날짜 20 . .   나의 평점

방문 후기

운암
콩나물국밥
TEL. 063-286-1021

식당 주소
전북 전주시 완산구 풍남문2길 63
남부시장 2동 80호

운영 시간
05:30-18:00
명절 휴무

주요 메뉴
콩나물국밥
모주

오랜 세월 동안 술꾼들의 속을 달래 주던 콩나물국밥. 그러나 칼칼한 국물과 아삭아삭한 콩나물을 먹다 보면 해장하려다 오히려 술을 찾게 된다. 이럴 때 따뜻하고 약재 향기 향긋한 모주 한 잔 곁들이면 찰떡궁합. 화려하지는 않지만, 정성 가득한 음식에 마음이 먼저 따뜻해진다.

자네 이 집 가봤는가.

마구 퍼준다네.

김도, 콩나물도, 밥도.

정이 보태졌는데 맛이 없을 리가 있겠는가.

방문 날짜 20 . .   나의 평점

방문 후기

향리

TEL. 063-272-6320

식당 주소

전북 전주시 완산구 전주객사5길 83

운영 시간

10:00-21:00

일요일 휴무

주요 메뉴

병어찌개

육사시미

생삼겹살

식당에 들어가면 잔뜩 쌓여 있는 호박이 먼저 손님을 반긴다. 호박이 왜 이렇게 많나 싶던 궁금증은 병어찌개가 나오면 해결된다. 냄비 바닥에 수북이 깔린 단호박, 늙은 호박, 젊은 호박이 바로 그 이유. 뭉근해진 호박은 달콤하면서 시원한 맛을 내고, 병어는 입에서 살살 녹는다.

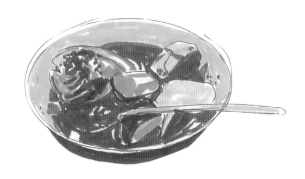

전주식 병어찌개인가요.
호박을 아주 넉넉하게 넣어서
단맛이 병어 위에 앉아 있습니다.

방문 날짜 20   .   .   나의 평점

방문 후기

금암피순대

TEL. 063-272-1394

식당 주소

전북 전주시 덕진구 기린대로 400-61

운영 시간

10:00-22:00

명절 휴무

주요 메뉴

순대국밥

특 순대국밥

막창모둠

보통 김치를 먹어보면 그 식당의 수준이 대강 짐작된다. 그런 면에서 이 집 깍두기는 어찌나 시원한지, 기대치를 한껏 높였다. 역시나 특 순대국밥에는 염통, 오소리감투 등 내장 고기가 잔뜩 들었고 선지와 채소로 가득 찬 막창 피순대는 구수해, 과연 기대를 저버리지 않았다.

"영만아, 그만 먹고 가자."

촬영이 끝났는데 계속 먹고 있습니다.

방문 날짜 20 . .	나의 평점 😋😋😋😋😋

방문 후기

장흥식당

TEL. 063-856-3007

식당 주소

전북 익산시 황등면 황등로 183

운영 시간

10:30-15:00

주요 메뉴

백반
삼합
홍어사시미

7,000원 백반에 반찬이 열여덟 가지. 심지어 이 반찬 하나하나가 정성을 들이지 않은 것이 없고, 전부 맛있다. 이제 다 나왔나 했는데 탕에다 찜까지 나오니, 이래서 남는 게 있나 싶다. 특히 주인장이 만든 익산식 단무지는 꼬들꼬들하면서 오독오독 씹는 맛이 환상적이다.

반찬 열여덟 가지.
하나같이 무시할 수 없는 맛.
나도 모르게 이 말이 튀어나오고 말았다.
"사장님, 이 다꾸앙 좀 얻어 갈 수 없나요?"

방문 날짜 20 . . 나의 평점 🍚🍚🍚🍚🍚

방문 후기

다가포가든

TEL. 063-854-5504

식당 주소

전북 익산시 현영길 40-28

운영 시간

10:30-21:30

일요일, 명절 휴무

주요 메뉴

갈매기살

갈매기살김치찌개

신선한 갈매기살에 간장 양념을 살짝 했다. 막상 먹으면 양념 맛이 그다지 느껴지지 않는데 그렇다고 소금 간을 해야겠다는 생각도 안 드니, 이렇게 절묘하게 양념을 한 것이 이 집의 내공인 듯싶다. 단골들의 사랑을 듬뿍 받는 갈매기살김치찌개도 깔끔하고 시원한 것이 제맛이다.

갈매기 고기는 이 집의 뚠지기였을 뿐.
갈매기살김치찌개는 악마였다고 해도
뿌리칠 수 없는 유혹이었다.

방문 날짜 20   .   .   나의 평점 🍚🍚🍚🍚🍚

방문 후기

풍보식당

TEL. 063-461-2554

식당 주소

전북 군산시 오룡로 58-2

운영 시간

08:00-16:00

둘째, 넷째 화요일 휴무

주요 메뉴

백반

9,000원에 스무 가지 정도 되는 반찬들이 줄을 이어 나온다. 묵은지 고등어조림, 제육볶음, 고등어구이 등 얼추 다 나왔겠지 싶으면 뒤이어 각종 김치에 된장찌개, 국도 나온다. 특히 이 집 김치는 주인장의 조카들이 농사지은 배추에 전라도의 손맛이 더해져 일품이다.

배고프지, 많이 먹어.
괜찮아, 밥 적으면 밥솥에서 맘껏 퍼다 먹어.
백반 값은 저렴한데 인심은 황제급.
맛은 비교할 곳 없는 수준급.
특히 김치는….

방문 날짜 20   .   .   나의 평점 🍚🍚🍚🍚🍚

방문 후기

불타는명태집

TEL. 063-442-1573

식당 주소

전북 군산시 경촌2길 38

운영 시간

17:00-21:30

월요일 휴무

주요 메뉴

명태찜

얼음황도

명태를 한가득 덮고 있는 콩나물과 대파, 청양고추. 군산의 명태찜은
국물도 흥건한 것이 여태까지 보지 못했던 모양새다. 처음에는 시원
한 국물 맛에 숟가락을 놓지 못하다가, 끓일수록 청양고추의 매콤함이
올라와 땀이 절로 난다. 얼음황도로 입을 달래는 것도 좋은 방법이다.

"로마는 불타고 있는가?"

"명태찜은 불타고 있는가?"

겁이 나서 보통 매운맛을 시켰는데도 입에서 불이 납니다.

보기 싫은 사람 있으면 이 집 매운맛을 추천하세요.

방문 날짜 20 .   .   나의 평점 🍚🍚🍚🍚🍚

방문 후기

우리떡갈비

TEL. 063-463-4279

식당 주소

전북 군산시 백토로 36

운영 시간

11:30-20:30
휴식시간 14:00-17:30
수요일 휴무

주요 메뉴

떡갈비
곰탕
양곰탕

씹는 맛이 살아 있는 제대로 된 군산식 떡갈비를 맛볼 수 있는 곳. 갈빗대와 다진 설깃살을 석쇠 위에 넓적하게 편 뒤 연탄불로 굽는다. 떡갈비 사이사이에는 다져서 간장에 재운 파를 넣어 맛을 빈틈없이 잡았다. 곁들어 먹는 물김치와 부추무침도 기름기를 씻어 내려 준다.

송정 떡갈비랑 담양 떡갈비만 있느냐.

군산 떡갈비도 있노라.

더불어 먹는 부추무침과 물김치는 환상의 조합이다.

방문 날짜 20 . .   나의 평점 🍚🍚🍚🍚🍚

방문 후기

서우식당

TEL. 063-465-7322

식당 주소

전북 군산시 나운안2길 9-6

운영 시간

11:00-21:00
일요일 휴무

주요 메뉴

아귀백반
동태내장탕

현지인 사랑 듬뿍 받는 아귀 백반 한 상. 17가지 제철 해산물 반찬이 식탁을 가득 채우니, 이 집은 빨리 먹고 가면 안 되고 천천히 음미해야 하는 집이라는 걸 깨닫는다. 여기에 아귀탕은 화룡점정. 가을 바다의 넉넉한 맛 안겨주니, 역시 미식의 고장 군산이다.

11,000원에 아귀탕, 생선구이, 게무침까지….
서울에서 왔어도 기름값 충분히 빠집니다.

방문 날짜	20 . .	나의 평점	

방문 후기

서수해장국

TEL. 063-453-3926

식당 주소

전북 군산시 서수면 남산로 306

운영 시간

07:00-19:00
토요일 07:00-16:00
일요일 휴무

주요 메뉴

소머리국밥
육사시미(주중에만 가능)

무슨 이런 외진 곳에 식당이 다 있나? 어쩌다 보니 여기까지 왔다는 주인장 말에서 오로지 맛으로 승부를 내겠다는 깡이 느껴진다. 도축장 문 여는 주중에만 가능하다는 육사시미는 소금에 찍으면 다른 양념이 필요 없는 맛. 맑으면서 진한 소머리국밥에선 새로운 고소함을 만났다.

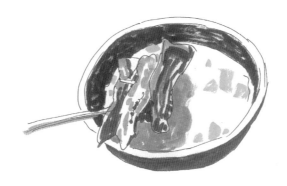

얇게 썬 머릿고기가 이렇게 맛이 깊을 줄이야.
특히 반쯤 식은 국물은 만점이었습니다.

방문 날짜 20   .   .   나의 평점

방문 후기

궁전매운탕

TEL. 063-462-9700

식당 주소

진북 군산시 현충로 12

운영 시간

11:00-20:00

월요일 휴무

주요 메뉴

장어구이

새우탕+돌솥영양밥

바닷바람 쐬고 들르는 민물고기 식당이라니. 무언가 어색하지만 민물 새우 듬뿍 들어가 달콤하고 시원한 새우탕 국물에 얼었던 몸이 녹는다. 국물에 양념을 풀지 않고, 얼갈이배추를 삶아 양념을 한 것으로 국물 맛을 낸단다. 영양돌솥밥에 얼갈이배추 한 점 올려 먹으면 금상첨화다.

바닷가에 버티고 있는 민물장어집.
존재 이유가 있었습니다.

방문 날짜 20 .   .   나의 평점 🍚🍚🍚🍚🍚

방문 후기

전망좋은집

TEL. 063-581-5290

식당 주소

전북 부안군 변산면 변산로 3207-1

운영 시간

08:00-22:00
피서철 24시간 영업

주요 메뉴

바지락칼국수, 백합찜
백합죽, 해물탕

통통하게 살이 올라 잘 쪄진 백합찜은 말이 필요 없다. 만드는 데 20분쯤 걸리는 백합죽도 녹두와 당근, 깨가 적당히 들어가 백합의 맛을 해치지 않아 훌륭하다. 주인장이 자부하는 다섯 종류 김치도 죽에 척척 얹어 먹으면, 그 조합이 백합의 똑 다물린 입처럼 절묘하다.

다디단 백합죽이 내 몸 안의 약해진 기둥을 보듬어 준다.
아아, 진즉 이곳을 알았드라면···.

방문 날짜 20   .   .   나의 평점 🍚🍚🍚🍚🍚

방문 후기

땅제가든

TEL. 063-584-2188

식당 주소

전북 부안군 보안면 청자로 1399

운영 시간

10:30-21:00
첫째, 넷째 화요일 휴무

주요 메뉴

참게장 정식
오리주물럭
아귀찜

잘 손질된 참게 위에 양파를 가득 얹어 아주 예쁘게 나오는 참게장. 첫맛은 꽤 짭짤했는데 시간이 지날수록 양파가 국물 속으로 잠기며 짠맛을 감해 준다. 이 국물을 양파와 같이 떠서 밥에 쓱쓱 비벼 먹으면, 제대로 된 참게장 한 상을 먹었다는 생각이 절로 든다.

드러누운 게 위에 양파 조각들이
게장 양념과 섞여서 간이 조절된다.
게장을 먹고, 양념과 섞인 양파를 밥과 함께 김에 싸 먹으면
세상이 아름답다.
1인분에 12,000원, 어찌 이런 가격이···.

방문 날짜 20   .   .   나의 평점 ⊜⊜⊜⊜⊜

방문 후기

포마횟집

TEL. 063-582-1896

식당 주소

전북 부안군 계화면 간재로 447

운영 시간

10:30-20:30

주요 메뉴

우럭회

멍게

낙지

다른 생선은 없고 오로지 우럭만 취급하는 집. 외지에서 온 손님들이 끊임없이 회를 포장해 간다. 가위로 다듬고, 기계로 얇게 썬 우럭회는 처음에는 보고 당황했으나, 젓가락으로 듬뿍 집어 입속에 넣으면 고소하고 달짝지근한 맛이 입안 가득 퍼져 놀랍다.

이 집의 자신감이 맘에 든다.
회 접시 외에는 반찬이 없다.
김치도 없다.
그렇다.
이 집의 우럭회는 조연이 필요 없을 정도로 달다.
평소 우럭회는 즐기지 않는데 이 집 얇게 썬 우럭회는 예외다.

방문 날짜 20 ． ． 　　나의 평점

방문 후기

국화회관

TEL. 063-536-5432

식당 주소

전북 정읍시 서부로 22

운영 시간

11:00-20:00

둘째, 넷째 월요일 휴무

주요 메뉴

우렁이쌈밥 정식

우렁이초무침

쫄깃한 우렁이와 구수한 된장 양념이 절묘하게 어우러진 우렁이쌈장.
쌈 채소에 밥 한술 올려 같이 싸 먹으면 요것 참, 계속 들어간다. 우렁
이청국장도 쌈장 못지않은 별미. 게다가 시래기깨즙나물, 흰목이버섯
나물, 세발나물 등 산과 들이 다 모인 것 같은 나물 반찬도 훌륭하다.

우렁아~ 우렁아~
육고기도 아닌 것이, 생선도 아닌 것이
오돌오돌 씹히는 맛은 논농사를 외롭게 하지 않는구나.

방문 날짜 20 . . 나의 평점

방문 후기

장작불

TEL. 063-536-7276

식당 주소

전북 정읍시 모촌길 50-31

운영 시간

11:30-13:00

일요일 휴무

전화 예약 필수

주요 메뉴

모촌 소머리국

장모님 된장비빔

소머리수육

여느 여염집 분위기의 식당에서 먹는 정갈한 장모님 밥상이다. 주인 장이 딸과 사위에게 해주던 장모님 된장비빔은 몇 가지 채소와 된장을 넣고 비벼 먹는 단출한 요리지만, 군더더기 없이 맛있다. 입술이 쩍쩍 달라붙을 정도로 진한 소머리국은 뚝배기째 마셔야 제맛이다.

모촌 볼모지 대나무밭에 서울 아낙 자리 잡았네.
구수하고 쫀득한 곰탕 국물은 금방 먹고 나간
저 나그네 고개 돌려 아쉬워하네.

방문 날짜 20 . . 나의 평점

방문 후기

고부동
학고을한우

TEL. 063-532-1592

식당 주소
전북 정읍시 고부면 교동2길 6

운영 시간
11:00-20:00

주요 메뉴
생등심, 특수부위
육사(생고기), 사골우거지

정읍 소고기의 진가를 확인할 수 있는 곳. 화려한 고깃결 뽐내는 한우 등심구이는 탄력이 남달라 씹으면 씹을수록 그 맛이 우러나온다. 예약 필수인 '육사(생고기)'는 부드러운 식감이 일품. 게다가 들깨 맛이 고소한 사골우거짓국은 이 집을 다시 방문해야 할 이유이다.

정읍 모퉁이에서 기세 좋은 맛집을 발견했다.
겉만 살짝 익혀 먹었드만 유토피아가 바로 코앞이었다.

방문 날짜 20   .   .   나의 평점 🍚🍚🍚🍚🍚

방문 후기

백학정

TEL. 063-534-4290

식당 주소

전북 정읍시 태인면 태인로 29-3

운영 시간

11:00-15:00
주말, 공휴일 11:00-20:00
수요일 휴무

주요 메뉴

떡갈비 백반
참게장 백반
갈비탕

뜨거운 석쇠 위에서 손으로 양념을 일일이 묻혀 가며 떡갈비를 굽는 주인장. 그래서일까? 이곳의 떡갈비는 부드러우면서도 식감이 탄력적이고, 달콤하고 고소한 맛이 아주 일품이다. 떡갈비 한 덩이를 그대로 넣고 맑게 끓인 갈비탕도 놓쳐서는 안 된다.

떡갈비 백반이 36,000원.
부담스러운 가격이지만 한 번쯤 무리해 볼 만한 맛이다.
후회하지 않고 친구를 불러 모을 맛이다.

방문 날짜 20 . .   **나의 평점**

방문 후기

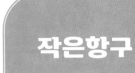

작은항구

TEL. 063-563-5790

식당 주소

전북 고창군 심원면 상전1길 45

운영 시간

11:00-21:00

목요일 휴무

(재료 소진 시 조기 마감)

주요 메뉴

직화장어구이

바지락칼국수

풍천 장어의 '풍천'이 지역명인가 했더니, 바다와 강이 만나는 곳이라 '풍천(風川)'이란다. 주문 즉시 잡은 장어를 비장탄 위에 올려 구워 먹는데, 여느 집보다 굉장히 고소하다. 장어를 물에 씻지 않아 비린내를 줄인 게 비법. 여기에 족타 반죽 칼국수까지! 음식 좀 아는 집이다.

초봄 풍천 장어구이와 칼국수의 만남.
낯설지 않은 바닷가 찬 바람.

방문 날짜 20   .   .   나의 평점 😋😋😋😋😋

방문 후기

싱싱수산식당

TEL. 063-563-3585

식당 주소

전북 고창군 고창읍 시장안길 26,
3동 69, 70, 71호

운영 시간

전화 예약 필수
(20인 이상 예약 불가)

주요 메뉴

주꾸미샤브샤브
낙지탕탕이

냉이, 부추, 시금치, 보리 등 봄 채소 가득 넣고, 살 오른 주꾸미 살짝 익혀 먹는 샤브샤브면 봄을 다 먹었다 해도 과언이 아니다. 봄철 주꾸미는 머리에 든 고소한 밥알(난소)이 핵심. 먹물 퍼진 국물에 만들어 먹는 구수한 죽은 밥상 교향곡의 하이라이트다.

냉이로 시작한 육지의 봄이
주꾸미로 이어지는
바다의 봄이랑 랑데뷰♡

방문 후기

뭉치네
풍천장어전문
TEL. 063-562-5055

식당 주소
전북 고창군 아산면 중촌길 13

운영 시간
09:00-21:00

주요 메뉴
산채비빔밥
풍천장어구이

들에서 모집해온 온갖 나물이 다 있다. 원추리, 비름, 머위… 등 필요한 만큼 매일 나물을 채취해온단다. 나물 각각의 맛을 살리려 다른 양념을 쓰고, 비빔밥도 나물 맛을 죽이지 않도록 특제 양념 간장을 넣는다. 피카소만 예술인가~ 저는 지금 봄의 예술을 먹고 있습니다.

아~ 새삼 봄의 위력을 느꼈습니다.
내 입안으로 들어온 것은
음식이 아니라 봄이었습니다.

방문 날짜   20 .   .   나의 평점 🍚🍚🍚🍚🍚

방문 후기

민속집

TEL. 063-653-8880

식당 주소
전북 순창군 순창읍 순창8길 5-1

운영 시간
11:30-19:30

주요 메뉴
한정식
소불고기
홍어탕

주인장 손맛이 명품인 집. 단돈 15,000원의 한정식이지만, 스무 가지
가 넘는 반찬이 나온다. 우렁이된장찌개, 각종 장아찌, 나물, 연탄불
에 석쇠로 구운 불고기, 어머니 때부터 담근 동동주까지 모든 음식의
간이 훌륭하고 각 재료의 맛을 제대로 살렸다.

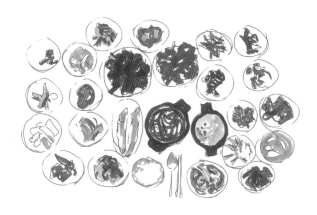

한정식 15,000원.

점심과 백반의 한계는 어디메냐.

멋 내지 않고 소박한 맛은 순창의 속살을 보여 주었네.

방문 날짜 20   .   .   나의 평점 🍚🍚🍚🍚🍚

방문 후기

유등
숯불돼지갈비
TEL. 063-653-0220

식당 주소

전북 순창군 순창읍 유등로 59

운영 시간

11:00-21:00
휴식시간 14:30-16:30
화요일 휴무

주요 메뉴

돼지갈비

숯불돼지갈비 하나로 20여 년을 버텨온 집. 갈비는 담백하면서도 양념 맛과 숯불 향이 조화롭게 살아 있고, 자연스러운 단맛이 난다. 기름기는 쏙 빼되, 촉촉함은 유지하도록 굽는 것도 이 집만의 기술. 같이 나온 갓김치와 각종 장아찌를 곁들이면 느끼함은 오간 데 없다.

돼지갈비 한 가지만으로 20년을 버텨 왔다.
그 뚝심은 100년을 채우고도 남겠다.

방문 날짜 20   .   .   나의 평점 🍚🍚🍚🍚🍚

방문 후기

백야촌

TEL. 063-653-7029

식당 주소
전북 순창군 팔덕면 담순로 889-13

운영 시간
11:00-14:30

주요 메뉴
꾸지뽕열무물국수
꾸지뽕열무비빔국수

항아리에서 숙성해 아삭하기 그지없는 열무김치가 특제 고추장 양념과 만났다. 얼음장 같은 지하수에 헹군 면발은 쫄깃하고, 갈치속젓으로 담근 배추김치도 참 맛깔스럽다. 더운 여름에 널따란 평상 위에서 먹는 매콤한 비빔국수 한 그릇은 옛 추억을 불러일으킨다.

한여름 마당 평상 위에서
온 가족이 식사하던 장면이 까마득한 기억이었는데,
비빔국수가 그 추억을 불러왔다.
열무국수가 어머니의 손맛을 불러왔다.

방문 날짜 20   .   .   나의 평점 🍚🍚🍚🍚🍚

방문 후기

일출산채식당

TEL. 010-6206-6861

식당 주소

전북 남원시 산내면 지리산로 799

운영 시간
10:00-18:00

주요 메뉴

산채 정식
산채 백반

산뽕잎나물, 신선초나물, 쑥부쟁이나물, 산고춧잎나물 등 서른 가지
나물 반찬의 향연이 펼쳐진다. 간을 마늘과 소금으로만 해 각 나물 본
연의 맛을 즐길 수 있다. 멸치묵은지찜, 두부들깨탕, 표고버섯황태탕
은 잔잔한 나물 정식에 악센트를 주며 밥상의 조화를 이루어 낸다.

"수학에는 공식이 있지만, 음식에는 없다."
주인장 말씀이다.
반찬 서른 가지, 들깨두부탕, 북어버섯탕, 묵은지, 멸치, 찌개….
파산하기 전에 가 보시라.

방문 날짜 20   .   .   나의 평점 🍚🍚🍚🍚🍚

방문 후기

인동
할머니민박
TEL. 0507-1480-1407

식당 주소

전북 남원시 운봉읍 삼산길 8-4

운영 시간
- 일반 식당이 아닌 민박집입니다.
- 식사는 숙박 시에만 매일 다른 메뉴로 제공됩니다.

주요 메뉴

백반

이곳에서 민박하게 되면 아침, 저녁이 각 7,000원에 제공된다. 꽈리고추찜, 지리산 7종 나물, 고구마줄기김치, 호박잎찜, 직접 쑨 도토리묵, 지리산 흑돼지뼈다귀국 등이 나오는 백반은 정말 시골 어머니 밥상 같아 투박하고 정겹다.

동네 할머니들의 환대.
넉넉지 않은 살림에 음식보다 정이 더 맛있는 곳.
평상에서의 식사는
오래 묵은 앨범에서 사진 한 장 꺼내듯 추억을 건드렸다.

방문 날짜 20   .   .   나의 평점

방문 후기

동막골

TEL. 063-625-8953

식당 주소

전북 남원시 요천로 1537

운영 시간

15:00-01:00

주말 14:00-01:00

주요 메뉴

연탄돼지갈비

돼지고기주물럭

연탄불 위에서 맨손으로 갈비를 굽는 주인장. 뜨겁지 않냐는 질문에
20년을 이렇게 구웠다며, 고집이 세서 그렇다고 웃어 보인다. 그러나
이 고집 덕분일까, 불 향 가득한 갈비는 즉석에서 양념을 했음에도 그
맛이 제대로 뱄으며 질기지도 않고 촉촉하다. 내공이 대단하다.

돼지고기를 석쇠에 얹고, 양념을 손으로 발라 굽는다.
그래서일까?
다른 집에 없는 무시 못 할 맛이 있다.

방문 날짜 20 .   나의 평점 🍚🍚🍚🍚🍚

방문 후기

송전산장민박

TEL. 063-243-5148

식당 주소

전북 완주군 소양면 신지송광로 831

운영 시간

11:00-20:30

전화 예약 추천

주요 메뉴

묵은지닭볶음탕

환상적인 3년 묵은지의 맛. 게다가 토종 노계는 영계를 다 이겨 버렸다.

박칼린 씨의 음식 평입니다.
"기승전결이 좋았다.
나물로 시작해서 묵은지, 닭볶음탕, 개떡이 그랬다."
동감!

방문 날짜 20   .   .   나의 평점 😊😊😊😊😊

방문 후기

자연을닮은 사람들

TEL. 063-244-4567

식당 주소

전북 완주군 소양면 소양로 270-14

운영 시간

11:00-20:30
휴식시간 15:30-17:00
라스트 오더 19:30, 화요일 휴무

주요 메뉴

숯불돼지갈비구이
들깨수제비

음식으로 시를 쓴다는 마음으로 요리한다는 주인장. 이러니 어찌 맛이 없겠는가.

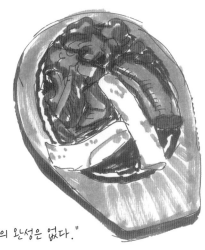

"음식의 완성은 없다."
또 한 번 느낍니다.

방문 날짜 20   .   .   나의 평점

방문 후기

치즈밸리
참나무집

TEL. 063-642-3204

식당 주소

전북 임실군 성수면 도인2길 36

운영 시간

11:00-19:00
둘째, 넷째 화요일 휴무
전화 후 방문 추천

주요 메뉴

치즈순두부
해물치즈순두부

고온에서 만들어 뚝배기 안에서도 녹지 않고 형태를 유지하는 퀘소 블랑코 치즈!

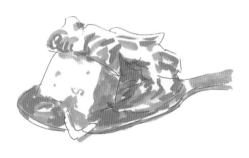

뭐, 이런 맛이지? 궁극의 고소함!

그 사이에 묵은지의 악센트!

방문 날짜 20   .   .   나의 평점

방문 후기

강남짬밥

TEL. 063-643-4167

식당 주소

전북 임실군 운암면 강운로 1175-20

운영 시간

11:00-15:00

주말 11:00-20:00

수요일 휴무

주요 메뉴

참게장정식

수육정식

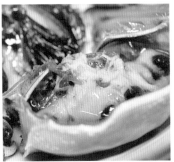

수육, 조기구이 등 맛난 반찬으로 가득 찬 밥상. 참, 참게는 서리 내
릴 무렵이 제일 맛있습니다.

임실이라서 그런가요.
튼실하고 짭조름한 게장이 밥 한 그릇을 또 부릅니다.

방문 날짜 20   .   .   나의 평점

방문 후기

옥정호산장

TEL. 063-222-6170

식당 주소

전북 임실군 운암면 운정길 7

운영 시간

10:30-21:00

수요일 휴무

주요 메뉴

새우탕

메기탕

884

무김치, 갓김치, 양파김치, 고들빼기김치, 백김치까지! 생무청과 민물
새우 가득한 탕 맛도 일품.

깊은 맛 새우탕 한 숟가락.
머얼리 보이는 옥정호 더욱 아름답구나.

방문 날짜 20   .   .   나의 평점

방문 후기

광주식당

TEL. 010-6675-2187

식당 주소

전남 강진군 강진읍 시장길 17-14

운영 시간

끝자리 날짜 4일, 9일에만 영업

주요 메뉴

백반
팥칼국수

강진 5일장(4일, 9일) 오감통 내에 있는 식당으로 장이 서는 날만 문을 연다. 5,000원에 시장 사람들의 끼니를 책임지는 백반과 사랑방 같은 편안한 분위기는 단연 최고.

어머니의 팥칼국수가 생각난다.
어머니는 팔 남매를 먹일 음식을 걱정하느라 세월 다 보냈을 것이다.
한겨울 이걸 만들어서 절반은 식구들이 먹고
나머지는 마루에 내놓으면 다음 날 아침
식어 있는 팥칼국수를 만난다.
둥그런 상에 앉은 가족들이 입에 팥죽을 묻혀가면서
한 끼니를 채우던 그날…
팥칼국수 맛은 아직 변하지 않고 그대로 남아 있다.

방문 날짜 20   .   .   나의 평점 🍚🍚🍚🍚🍚

방문 후기

가락지죽집

TEL. 061-244-1969

식당 주소

전남 목포시 수문로 45

운영 시간

10:00-22:00
연중무휴

주요 메뉴

쑥꿀레, 단팥죽, 전복죽
해물 칼국수, 식혜

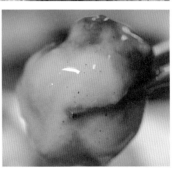

쑥꿀레를 조청에 묻혀 한 입 먹으면 누구라도 그 독특함에 반한다. 여기에 메인인 팥죽은 주인의 정성이 더해져 단골들의 마음을 달달하게 한다.

이런 음식 처음이다.
쑥꿀레는 꿀에 담그지 않고 먹어야 한다.
첫맛은 자극적이지 않아서
한참 입안에 두고서야 은은한 뒷맛을 느낀다.
다시 먹고 싶은 맛이다.

방문 날짜 20 . . **나의 평점**

방문 후기

청호식당

TEL. 061-274-6851

식당 주소

전남 목포시 산정안로 13

운영 시간

11:00-15:00

(재료 소진 시 조기 마감)

주요 메뉴

백반

돌게양념무침, 피조개, 생새우무침, 조기구이…. 매일 달라지는 남도 반찬이 끝내준다.

한 상에 8,000원.
아인슈타인이 와도 계산 불가!

방문 날짜 20   .   .   나의 평점 🍚🍚🍚🍚🍚

방문 후기

한샘이네

TEL. 061-247-6800

식당 주소

전남 목포시 자유로 122

운영 시간

12:00-21:00

휴식시간 14:00-16:00

첫째, 셋째 일요일 휴무

주요 메뉴

병어회

삼치회

쌈 채소에 양파, 밥, 병어회, 된장을 올려 싸 먹는 게 목포 방식. 아삭아삭 고소하다.

회를 주문하면 찬 열다섯 가지.
찌개, 구이, 해변의 비릿한 맛 총 출동이오~~.

| 방문 날짜 | 20 . . | 나의 평점 | |

방문 후기

성직당

TEL. 061-244-1401

식당 주소

전남 목포시 수강로4번길 6

운영 시간

11:30-20:00
휴식시간 15:00-17:00
목요일 휴무

주요 메뉴

전라도떡갈비백반

60년 전 방식 그대로인 목포식 떡갈비. 독자분들께 감히 권해드릴 만한 떡갈비입니다.

음식점 찾기는 뻘 밭에서 바지락 캐기와 같다.
한 번 파헤친 곳이라도 뒤지면 계속 튀어나온다.
그래서 백반기행은 흥미롭다.

방문 날짜 20 . .   **나의 평점** 🍚🍚🍚🍚🍚

방문 후기

하나로식당

TEL. 061-271-3400

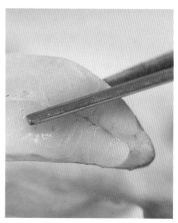

식당 주소
전남 신안군 암태면 장단고길 33-17

운영 시간
09:00-20:00
연중무휴

주요 메뉴
병어회, 병어 조림
우럭 간국, 갈치 조림

초여름 찾아온 병어는 버릴 게 없다. 두툼하게 썰어낸 회는 고소하고
양념이 잘 밴 병어 조림만도 벅찬데 빼곡하게 차려진 신안의 풍성하
고 맛깔스러운 반찬은 보는 것만으로 호사스럽다.

지금까지 먹었던 병어 조림은 기억에서 지우겠습니다.
백반의 보물섬! 이럴 때면 집 나선 것이 보람차다.

방문 날짜 20 . .   **나의 평점**

방문 후기

나들목맛집

TEL. 061-275-2350

식당 주소

전남 신안군 임자면 진리길 2

운영 시간

10:30-20:00
주말 10:30-18:00
월요일 휴무

주요 메뉴

전복 톳밥, 전복장 정식
마른 우럭 지리탕, 장어탕

지천이 해초인 섬마을 상에는 건강한 해초가 가득하다. 톳을 바닥에 깔고 전복과 팽이버섯을 고명처럼 얹어 지어낸 밥을 잘 구운 김에 싸 전복장에 찍어 먹으면 어디서도 맛볼 수 없는 임자도 해초 밥상이 된다.

신안 임자도 시골의 백반집인데
음식은 서울 반가의 그것처럼 간이 아주 부드럽고 자극적이지 않다.
어떻게 남서해 바다에 이런 음식점이 있는지 알 수 없다.
전복 톳밥은 내가 좋아하는 재료 두 가지가 들어간 밥이라서
아주 흡족한 맛이다.
맛도 맛이지만 주인 자매랑 많은 이야기를 나누고 싶다.

방문 날짜 20 .   .   나의 평점

방문 후기

899

한우식당

TEL. 061-782-9617

식당 주소

전남 구례군 구례읍 봉성로 111

운영 시간

09:00-재료 소진 시
금요일에만 영업합니다.

주요 메뉴

피순대
순댓국밥

금요일에만 문을 열어 '금요 순대'라고 불리는 곳. 5일에 걸쳐 완성 되는 순대는 피순대임에도 전혀 비리지 않고 부드러우며, 식어도 기름기가 없이 깔끔하고 담백하다. 육수도 진국이다.

세계 어느 곳에도 이렇게 영업하는 곳은 없다.
완전 배짱 순댓집이다. 일주일에 장사 준비 나일,
장사 하루, 휴식 하루. 일주일에 하루, 한 달에 사흘만 영업한다.
몸이 힘들면 음식이 변한다고 오직 금요일을 위해서 몸을 아낀다.
피순대와 국물이 맑은 순댓국은 최고다.

방문 날짜 20   .   .   나의 평점 🍚🍚🍚🍚🍚

방문 후기

당치민박산장

TEL. 061-782-7949

식당 주소

전남 구례군 토지면 당치길 145

운영 시간

11:00-15:00
연중무휴
숙박객 저녁 식사 가능

주요 메뉴

산닭구이
도토리묵
파전

두릅, 매실, 양파, 깻잎, 고추 그리고 좀처럼 볼 수 없는 목이버섯 장아찌까지 밑반찬에 엄지 척. 다소 비싸지만 숯불에 익혀 쫄깃한 지리산 산닭구이에 고개가 끄덕여진다.

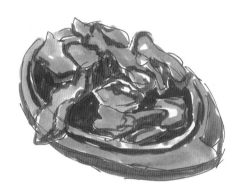

지리산 골짜기에서 토종닭을 구워준다.

간장을 베이스로 한 장아찌가 네 가지나 나온다.

경사가 급한 곳에 이런 음식점이 있다는 것이 신기하다.

여기까지 올라와서 구운 닭만 먹고 내려가는 것은 낭비다.

경치 좋고 공기 좋은 곳에서 하루를 머물면

우리가 그토록 찾아 헤매던 여유가 생기겠다.

방문 날짜 20 . . 나의 평점

방문 후기

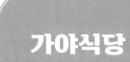

가야식당

TEL. 061-782-6406

식당 주소

전남 구례군 구례읍 5일시장작은길 4

운영 시간
11:00-20:00
연중무휴

주요 메뉴
시래깃국 백반

70년대로 돌아간 느낌의 허름한 식당의 8,000원 시래깃국 백반. 직접 채취해 무쳐내는 제철 나물과 김치에 멸치만 넣고 끓였다는 시래깃국의 맛이 푸근하고 참 맛깔지다.

구례를 가면 이 집을 가야 제대로 간 것이다.
70세 할머니의 손맛은 백반의 진수를 보여준다.
식대 8,000원 이상의 가치를 느끼게 한다.
음식점에 갈 때는 겉의 화려함과 그 속에
뭔가 있을 것 같은 사기에 속으면 안 된다.
이 집은 겉은 허름, 속도 허름.
하지만 맛은 빛난다.

방문 날짜 20   .   .   나의 평점 🍚🍚🍚🍚🍚

방문 후기

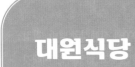

대원식당

TEL. 061-744-3582

식당 주소

전남 순천시 장천2길 30-29

운영 시간

11:30-22:00

월요일 휴무

주요 메뉴

수라상
대원상

상다리가 휘어진다는 말은 이런 상차림이다. 열한 명의 주방 식구들이 일사분란하게 차려낸 육해공 반찬이 스무 가지가 넘는다. 필설로 표현하기에는 역부족인 순천 한정식의 자존심.

순천의 대표 음식점이다.

촬영 나오면 아침을 거르고 나온다.

이런 음식이 기다리고 있어서다.

이다음에 세 번 촬영을 더 하니까 조절해야 하는데 실패했다.

소화제를 먹더라도 이것을 어찌 남기고 가겠는가.

방문 날짜 20 . .   나의 평점 🍚🍚🍚🍚🍚

방문 후기

한우식당

TEL. 061-753-7878

식당 주소

전남 순천시 북문길 40

운영 시간

06:00-21:00

수요일 휴무(장날 제외)

주요 메뉴

돼지국밥

수육

20여 곳의 국밥집 가운데 손님의 발길이 단연 많은 집. 서비스로 내놓은 야들야들한 돼지고기 수육만으로도 이미 감동이다. 유독 깔끔하고 담백한 국물이 일품이다.

한우는 팔지 않는 국밥집이다.

이렇게 이쁘게, 맛있게 음식을 내는 국밥집은 처음이다.

감동이다. 주인의 성품이 이럴 것이다.

8,000원짜리 돼지국밥을 주문하면 삶은 돼지고기가 한 접시 나온다.

만 원짜리 지폐가 쓸모 있다는 걸 발견한 날이다.

방문 날짜 20   .   .   나의 평점

방문 후기

갈마골아구찜

TEL. 061-743-9106

식당 주소

전남 순천시 장명3길 9

운영 시간

11:00-21:00

화요일 휴무

주요 메뉴

청국장 아구탕

아구찜

자부심 강한 순천 사람들이 아낀다는 맛집이다. 청국장에 싱싱한 아구를 넣어 끓여낸 탕 속에서 건진 아구 간은 그냥 먹어도 좋지만 으깨 양념으로 먹으면 더 맛있다.

청국장과 함께 아구를 끓였다.
비린내는 잡기 위해서 청국장을 썼다는데 확실히 잡은 걸까?
매우 구수하다.
청국장 맛인가 싶었는데 으깬 아구 간 맛이었다.

방문 날짜 20 . . 나의 평점

방문 후기

민호네
전전문점

TEL. 061-745-3302

식당 주소

전남 순천시 장평로 60

운영 시간
09:00-21:00
연중무휴

주요 메뉴
칠게 튀김
맛조개전
명태머리전

칠게 튀김의 고소한 맛을 볼 수 있는 집이다. 명태살전 못지않게 명태 머리전은 특별한 맛이다. 칠게 튀김과 명태전에 막걸리 한 잔은 천상 궁합.

애들아 너희들만 과자 있냐?
우리들도 과자 있다.

방문 날짜 20   .   .   나의 평점

방문 후기

거시기식당

TEL. 061-745-1479

식당 주소

전남 순천시 저전길 15

운영 시간

10:30-16:00
라스트 오더 15:30
일요일 휴무

주요 메뉴

돼지고기백반
갈치조림백반

매일 새벽 시장에서 재료를 사 온다. 계절마다 달라지는 반찬이 묘미. 다시 오고 싶은 집이다.

좋은 음식을 만나면 또 먹고 싶다.
좋은 사람을 만나면 또 만났으면 싶다.
우리 모두 그런 인간이 되자.

방문 날짜 20 . .   나의 평점

방문 후기

텃밭

TEL. 061-721-1588

식당 주소

전남 순천시 봉화2길 67

운영 시간

12:00-24:00

주요 메뉴

토종닭숯불구이

닭을 토막을 친 게 아니라 얇게 포를 떠서 굽는 방식이다. 파김치, 배추김치, 깍두기, 백김치, 4종 김치와 조합이 좋다.

닭양념구이.
보통 맛은 천국이었고,
매운맛은 지옥이었다.
허나, 매운맛 뒤에
천국의 맛은
더욱 값졌다.

방문 날짜 20 . .   나의 평점   😋😋😋

방문 후기

대박집

TEL. 061-722-7507

식당 주소

전남 순천시 대석3길 10

운영 시간

17:00-24:00

일요일 휴무

주요 메뉴

잡어회

물메기탕

비법은 없다. 맹물에 소금, 채소, 물메기만 있으면 탕 준비 끝. 이게
바로 재료의 힘이다!

물메기탕이 이 집의 수준을 보여 줬습니다.
슴슴하고 가는 국물이 자꾸 뒤돌아보게 만듭니다.

자봉식당

TEL. 061-663-3263

식당 주소

전남 여수시 충무로 19

운영 시간
06:00-14:00

주요 메뉴
시장 백반

새벽 어시장을 누비는 사람들의 허기진 배를 채워주는 6,000원짜리 황홀한 백반. 갓 버무린 배추김치와 열무김치, 곰삭은 갓김치와 파김치, 나물 반찬에 멸치 무침, 병어 조림에 콩나물국까지 가격도 행복한 백반이다.

6,000원짜리 백반이다.
반찬 좋고 반듯한 주인의 인상이 좋다.
매일 국이 바뀐다.
오늘은 늙은 호박국. 노란 호박의 달콤한 맛이 최고다.
여수를 뻔질나게 드나들면서 이곳을 몰랐다니 헛살았다.

방문 날짜 20   .   .   나의 평점

방문 후기

남원식당

TEL. 061-666-1766

식당 주소
전남 여수시 관문2길 5

운영 시간
10:00-14:00
공휴일 휴무

주요 메뉴
깨장어탕

깨장어 대가리와 뼈로 우려낸 육수에 삶은 시래기와 집 된장이 들어 가는 고소한 깨장어탕, 돌산 갓김치와 무김치의 조합이 절묘하다. 해장국으로도 그만이다.

깨장어는 작은 장어를 말한다. 작다고 깔보지 마라.
여수 사람들은 작은 장어를 제일로 친다.
이 집은 깨장어탕이 전문이다.
맛이 기가 막힌다. 대부분의 맛집은 주인의 나이가 많다.
이 맛이 계속 지켜져야 할 텐데 걱정이 많다.

방문 날짜 20   .   .   나의 평점 🍚🍚🍚🍚🍚

방문 후기

고래실

TEL. 061-651-3276

식당 주소

전남 여수시 여서동5길 8-1

운영 시간

전화 후 방문 추천

주요 메뉴

새조개 삼합, 새조개 샤브샤브
돔바리회, 서대회

뜨겁게 달궈진 돌판에 빠르게 익혀내는 새조개, 새조개를 구워내고
남은 육즙에 선홍빛 돼지 목살을 지글지글 구워주고 씻은 묵은지에
마지막으로 들큰한 겨울 시금치까지 올려주면 새조개 삼합 완성.

새조개 삼합이 예술이다.

데친 새조개, 묵은지, 얇게 썬 돼지고기, 시금치, 마늘에
집된장을 얹어서 입안에 넣으면 각기 맛을 뽐내기면서 경쟁한다.
주인장의 억지 표준말은 옥의 티다.

방문 날짜 20   .   .   나의 평점 🍚🍚🍚🍚🍚

방문 후기

조일식당

TEL. 061-655-0774

식당 주소

전남 여수시 여문문화2길 65

운영 시간

16:00-22:00
일요일 휴무

주요 메뉴

삼치회, 보리멸 튀김
새우 튀김, 생선 튀김

두툼하게 썰어낸 삼치는 촉촉하고 부드러우면서 담백하다. 다진 마늘, 파, 간장, 고추장, 참기름을 섞은 양념장에 찍어 김에 싸 먹거나 와사비를 얹어 갓김치나 묵은 김치에 싸 먹어도 좋다.

삼치회만 1년 내내 취급한다.

2인 상에 5만 원이다.

가격으로 유지가 어렵지 않나 걱정이다.

보리떡 튀김이 이 집을 한층 우쭐하게 만든다.

방문 날짜 20   .   .   나의 평점 🥣🥣🥣🥣🥣

방문 후기

정다운식당

TEL. 061-641-0744

식당 주소

전남 여수시 봉산남8길 7

운영 시간

08:00-20:30
연중무휴

주요 메뉴

물메기탕
물메기찜
쏨뱅이탕

30년 동안 여수 술꾼들의 성지로 통하는 이곳의 겨울 주 메뉴는 이방인에게는 생소한 물메기탕. 쎄미탕, 쫌뱅이탕, 메기찜, 대구탕 등 제철 탕이 최고다. 물메기탕은 겨울 음식.

봄에는 쎄미탕, 겨울에는 물메기탕이다.
찬과 탕이 매우 좋다.
생전 처음 물메기알젓과 물메기내장젓을 먹었다.
곧 세월에 밀려서 이사한다는데 좋은 곳에 안착하길 빈다.

방문 날짜 20   .   .   나의 평점

방문 후기

복산식당

TEL. 061-683-8635

식당 주소

전남 여수시 소라면 하세동길 17-2

운영 시간

11:00-22:00

일요일 휴무

주요 메뉴

새우살, 두루치기

등심, 육사시미

소 한 마리에서 얼마 안 나오는 상위 1% 새우살의 맛은 특별하다. 갓 김치와 함께 큰 무가 통째로 나오는 무김치는 고기의 느끼한 맛을 잘 잡아준다. 신선한 육회, 등심, 불고기 두루치기, 돼지갈비도 있다.

두루치기를 맛보러 갔다가 횡재했다.
소고기 새우살! 새우를 닮아서 지어진 이름인데
왜 지금까지 이 부위를 모르고 있었을까.
신대륙이었다.

방문 날짜 20 .   .   **나의 평점**

방문 후기

봉정식당

TEL. 061-662-7870

식당 주소

전남 여수시 교동남1길 6-9

운영 시간

08:00-21:00

주요 메뉴

용서대조림, 서대회
조기탕, 생선회

여수에서만 먹을 수 있는 생선인 용서대. 그 꼬락서니는 납작해서 마치 누가 밟고 지나갔나 싶지만, 맛은 어디 가도 빠지지 않는다. 특히 이 집의 용서대 조림은 담백한 용서대 살밥과 양념이 아주 찰떡궁합이다. 어쩌나, 한동안 다른 곳 생선조림은 못 먹게 생겼다.

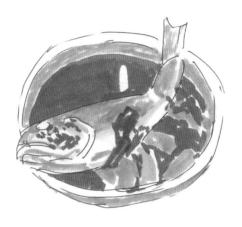

같은 식당도 자주 가야 깊은 맛을 느끼고,
여수도 자주 가야 눈에 확 띄는 식당을 만난다.

방문 날짜 20 . .   나의 평점 😊😊😊😊😊

방문 후기

나진국밥

TEL. 061-683-4425

식당 주소

전남 여수시 화양면 화양로 1391

운영 시간

10:30-16:00

화요일 휴무

주요 메뉴

수육

국밥

여수의 겨울 바닷바람을 맞고 자라 단맛이 풍부한 섬초(시금치)를 수육에 싸 먹는다. 수육은 잡내 하나 없으며, 섬초의 부드러운 단맛이 돼지고기와 참 잘 어울린다. 콩나물이 들어가 맑고 시원한 국물의 돼지국밥도 이곳에서만 먹을 수 있는 별미다.

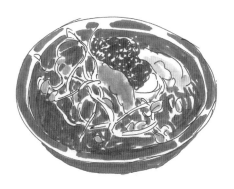

이런 맛이 화양면에 묻혀 있을 줄이야.

| 방문 날짜 | 20 . . | 나의 평점 |

방문 후기

청운식당

TEL. 061-381-2436

식당 주소

전남 담양군 담양읍 담주1길 7

운영 시간
10:30-20:00
명절 휴무

주요 메뉴
막창 순댓국
냄비 비빔밥
추어탕

새우젓이나 양념장을 더할 필요 없는 완벽한 국물의 조화. 죽염을 사용해 비린내를 잡은 피순대는 또 한번 놀라움을 선사한다. 이 집의 히든 카드는 자박자박 국물을 졸여낸 항정살 냄비 비빔밥.

지난번 국밥이 국밥의 종착점인 줄 알았드만 이곳에 또 있었구나.
만세! 만만세! 종착점은 자주 나타날수록 좋다.

방문 날짜 20 . .   나의 평점 🍚🍚🍚🍚🍚

방문 후기

원조제일 숯불갈비

TEL. 061-381-1234

식당 주소

전남 담양군 담양읍 마두길 4

운영 시간

10:00-20:30

라스트 오더 20:00

주요 메뉴

돼지 숯불갈비

한우 떡갈비

반찬으로 나온 새우젓과 매실 장아찌, 깻잎 장아찌, 삭힌 고추지 무침
이 45년 돼지갈비 내공을 짐작케 한다. 양념한 돼지갈비를 석쇠에 구
워 뜨거운 옥돌에 올려 손님에게 내주는 것이 담양의 전통.

돼지고기의 부드럽고 달달한 맛은
젓가락질을 멈추게 하지 못한다.
아, 나는 분명 마약을 먹고 있다.

방문 날짜 20   .   .   나의 평점 😊😊😊😊😊

방문 후기

목화식당

TEL. 061-383-7505

식당 주소
전남 담양군 담양읍 천변5길 3-2

운영 시간
08:00-15:00
연중무휴

주요 메뉴
가정식 백반

노부부의 자부심이 가득한 백반. 달래 무침과 냉이 무침 같은 제철 반찬과 함께 여수, 담양, 금산, 완도, 영광까지 각지에서 온 반찬이 맛나다. 직접 담근 저염 된장에 꽃게, 홍새우로 맛을 낸 찌개도 일품이다.

9,000원 백반 한 가지만 내놓는다.
81세 노부부가 30년째 운영 중이다.
맛과 정이 넘친다.
두 분의 기력이 떨어지기 전에 다시 와서 힘을 보태줄 일이다.
야야 정신 차려라. 너도 75세다.

방문 날짜 20   .   .   **나의 평점** 🍚🍚🍚🍚🍚

방문 후기

부부식당

TEL. 061-382-0839

식당 주소

전남 담양군 담양읍 중앙로 18

운영 시간

11:00-14:30

연중무휴

주요 메뉴

누른 머릿고기

닭곰탕

밑반찬은 둘째 치고라도 제육볶음에 조기구이, 가오리 무침, 붕어 조림까지 백반 한 상을 받으면 놀랍고 미안할 정도. 택시 기사님이 추천한 머릿고기를 주문하면 새우젓, 갈치속젓, 어리굴젓을 내주는데 어느 것에 먹어도 환상이다.

7,000원 백반에 5,000원 눌린 돼지고기.
2인분을 시키면 양이 어마무시하다.
인심 또한 특A급이다.
찬 그릇 비는 것을 용서 못 한다.

방문 날짜 20   .   .   나의 평점 🍚🍚🍚🍚🍚

방문 후기

다복가든

TEL. 061-334-3050

식당 주소

전남 나주시 영산포로 192

운영 시간

11:00-21:00

주요 메뉴

백반
홍어 정식
홍어찜

삭히지 않은 홍어를 잘 찐 뒤, 간장 양념장을 끼얹어 만드는 홍어찜.
비린내가 없어 홍어 초보자가 먹기에도 아주 좋다. 게다가 이 홍어 백
반에서 빼놓을 수 없는 돼지고기수육은 배추겉절이와 같이 먹으면
환상의 궁합. 각종 젓갈과 나오는 반찬 하나하나가 전부 맛있다.

17년 전, 만화 《식객》 연재 때 왔던 백반집.
그때 먹은 수육의 맛이 아직도 입안에 남아 있다.
오늘은 라면⋯.
9,000원의 나주 인심을 가늠케 한다.

방문 날짜 20   .   .   나의 평점 🍚🍚🍚🍚🍚

방문 후기

나주곰탕 하얀집

TEL. 061-333-4292

식당 주소

전남 나주시 금성관길 6-1

운영 시간

08:00-20:00
첫째, 셋째 월요일 휴무

주요 메뉴

곰탕
수육곰탕
수육

113년 노포의 정성이 가득한 나주곰탕. 맑고 깨끗한 국물에 한우 고기 푸짐한 곰탕을 먹다 보면 '음식이 멋지다'라는 말이 절로 나온다. 한우 사골과 양지 등으로 육수를 낸 국물은 간이 간간하면서 깔끔하고, 고기는 결이 살아 있어 쫄깃한 맛이 그만이다.

110년, 4대째.
한국에 이런 노포가 과연 몇 집이나 될까.
이 집같이 고집스럽게 내 인생을 꾸려 왔는지 돌아보게 된다.

방문 날짜 20   .   .   나의 평점

방문 후기

송현불고기

TEL. 061-332-6497

식당 주소
전남 나주시 건재로 193

운영 시간
11:00-21:00
월요일 휴무

주요 메뉴
불고기

40년의 세월은 연탄불의 뜨거움도 이기게 했다. 맨손으로 고기를 뒤집어 가며 구워야 그을음 없이 속까지 잘 익힐 수 있다는 주인장 집념 덕에 이 집의 불고기에선 불 맛이 제대로 느껴진다. 불고기 한 점 크게 넣은 깻잎 쌈에, 된장국 한 모금이면 세상 시름을 잊는다.

어머니는 석쇠에 돼지고기를 얹고
아들과 사위는 불을 마주 보고 손으로 돼지고기를 굽고 있다.
이러기를 40여 년, 100년이 멀지 않다.

방문 날짜 20   .   .   나의 평점   🍚🍚🍚

방문 후기

홍쌍리
청매실농원

TEL. 061-772-4066

식당 주소
전남 광양시 다압면 지막1길 55

운영 시간
전화 후 방문 추천

주요 메뉴
매실고추장비빔밥
(광양매화축제 기간 한정 판매)

주인장이 손수 농사지은 매실이 밥상 위에서 향긋한 내음을 풍기고 있다. 매실소고기볶음장이 들어간 비빔밥은 과일과 매실 향이 은은하게 나면서 짜지도 않아 상당히 맛있다. 매실과 땅콩, 깨를 섞어 만든 특제 매실 소스가 올라간 편육도 매실과 천상의 궁합이다.

팔각정에 앉아 섬진강을 밑에 두고,
백운산 기개를 등반이 삼아 먹는 매실 밥상은
과식을 각오해야 한다.
오 마이 가앗!

방문 날짜 20 . .   나의 평점 😋😋😋😋😋

방문 후기

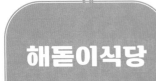

해돋이식당

TEL. 061-772-1898

식당 주소

전남 광양시 다압면 지막길 102

운영 시간

12:00-19:00

주요 메뉴

재첩회덮밥, 재첩국
참게정식, 재첩회

재첩, 부추, 소금, 물, 이렇게 네 가지 재료만 들어가는 재첩국. 재료는 간단하지만 맛은 이보다 깊을 수가 없다. 국물은 특유의 시원한 맛에 뚝배기째 들이켜게 되고, 듬뿍 든 재첩은 통통하니 살이 제대로 올랐다. 빨간 양념에 채소, 재첩 가득 들어간 회무침도 별미다.

재첩국에 소금과 부추만 들어갔다고
밍밍한 맛을 탓하지 마라.
섬진강 사람들은 이 맛을 찾으려고
셀 수 없는 세월을 보냈느니라.

방문 날짜 20 .   나의 평점 🍚🍚🍚🍚🍚

방문 후기

경도식당

TEL. 061-761-2133

식당 주소

전남 광양시 광양읍 희양현로 25

운영 시간
10:40-21:00

주요 메뉴
불고기

광양 불고기는 얇게 썬 생고기를 주문 즉시 양념에 살짝 무쳐 고기 본연의 맛을 느낄 수 있는 것이 특징이다. 불고기를 뭉텅이째로 집어 숯불 위에서 적당히 구우면, 육즙이 터질 듯 흘러내리고 촉촉함은 이루 말할 수가 없다. 잘 익은 파김치까지 곁들이면 화룡점정이다.

서울 불고기라 언양 불고기가 있다면
광양 불고기도 한 축을 이루고 있다.
광양 불고기는 육향과 즙이 살아 있는 광양의 자존심이다.

방문 날짜 20   .   .   나의 평점 🍚🍚🍚🍚🍚

방문 후기

부흥식당

TEL. 061-791-6693

식당 주소

전남 광양시 사동로 13

운영 시간

16:00-22:00

전화 예약 추천

일요일 휴무

주요 메뉴

수육

육사시미

(요일별 메뉴 다름)

섬진강을 두고 경상도와 접경하고 있는 광양. 그러나 전라도는 전라
도인지 반찬에서 우리 어머니 손맛이 느껴진다. 기름과 살코기가 부
드럽게 씹히는 수육은 조금씩 자주 삶는 게 비법. 묵은지, 양파김치,
파김치로 이어지는 김치 3종 세트는 수육과 환상의 조합을 이룬다.

하동과 광양은 섬진강을 사이에 두고
다투듯이 음식을 발전시켜 왔다.
거리는 가까우나 음식 맛은 각각의 개성이 있다.

방문 날짜 20   .   .   나의 평점

방문 후기

쌈지촌

TEL. 061-795-5111

식당 주소

전남 광양시 남산2길 3

운영 시간

전화 후 방문 추천

주요 메뉴

정어리쌈밥
(고사리는 4, 5월 주문 가능 / 2,000원 별
도 추가)

정어리와 멸치는 엄연히 다른 종이지만, 전라도에서는 이 둘을 통칭해서 '정어리'라고 부른다. 따라서 이 집 정어리쌈밥도 사실은 멸치쌈밥. 커다랗고 통통한 대멸치는 쫀득쫀득하고 고소한 것이 조금 더 가면 고등어 뺨 칠 기세다. 고사리 추가해 같이 상추쌈 싸 먹어야 제맛이다.

정어리쌈밥은 봄이면 빠트릴 수 없습니다.

광양에서 먹은 정어리쌈밥.

마음은 이미 여수.

방문 날짜	20 . .	나의 평점 🍚🍚🍚🍚🍚

방문 후기

청하식당

TEL. 061-473-6993

식당 주소
전남 영암군 학산면 독천로 170-1

운영 시간
10:30-18:00
명절 휴무

주요 메뉴
낙지다듬
낙지볶음
낙지초무침

사장님이 개발한 '낙지다듬'은 잘게 다진 낙지에 달걀노른자, 마늘, 참기름을 넣고 섞어 먹는 음식이다. 후루룩 마시듯 낙지다듬을 한 입 먹으면, 그 구수한 맛에 놀라움을 감출 수 없다. 낙지볶음은 달짝지근하면서 불 맛이 가득해 나중에 생각날 듯한 그런 맛이다.

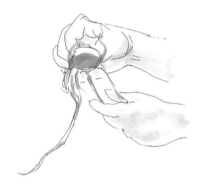

독천 뻘밭은 뜰이 되었소만, 독천 낙지는 남았소.
낙지다듬, 세발낙지, 낙지데침, 낙지호롱, 낙지볶음….
기력 보충은 영암이 제격이로소이다.

방문 날짜   20   .   .   나의 평점   🍚🍚🍚🍚🍚

방문 후기

텃밭가든

TEL. 061-473-2210

식당 주소
전남 영암군 덕진면 새터신정길 71

운영 시간
12:00-21:00

주요 메뉴
닭구이
오삼불고기
삼겹살

갓 잡은 닭을 소금과 참기름으로만 양념해 진짜 닭 맛을 경험할 수 있는 곳. 특히 이곳 닭구이의 특미는 닭 껍질이다. 어찌나 고소한지 닭 껍질을 그다지 좋아하지 않는 나도 그 맛에 설득되고 말았다. 반찬으로 나오는 닭 가슴살 육회도 쫀득하니 씹히는 맛이 가히 환상이다.

영암에 닭 요릿집이 많은 이유는
이 집 때문이 아닐까.
전기통닭, 닭튀김, 양념구이 등
수많은 닭 요리에 닭소금구이 추가요오오~~~

방문 날짜 20 . .   나의 평점

방문 후기

독천식당

TEL. 061-471-4222

식당 주소

전남 영암군 학산면 독천로 162-1

운영 시간

11:00-20:00
휴식시간 16:00-17:00
넷째 월요일 휴무

주요 메뉴

갈낙탕
낙지연포탕
세발낙지

영암의 향토 음식 '갈낙탕'은 소갈비와 낙지를 넣고 끓인 탕이다. 이 갈낙탕의 창시자가 선보이는 갈낙탕은 확실히 남달랐다. 국물은 진하고 시원하며, 낙지 맛은 갈비 맛에 죽지 않고 제맛을 분명히 내고 있다. 한 자리에서 50년을 버틴 원조 가게의 저력을 맛보았다.

낙지의 시원한 맛,
갈비의 눅진한 맛,
이것을 다듬어주는
묵은지의 향긋한 군내.

방문 날짜 20   .   .   나의 평점 😋😋😋😋😋

방문 후기

수문식당

TEL. 061-833-1828

식당 주소

전남 고흥군 남양면 망월로 674-24

운영 시간

11:00-20:00 (재료 소진 시 조기 마감)

10일, 20일, 30일 휴무

주요 메뉴

낙지탕탕비빔밥

조기탕

(메뉴는 계절에 따라 바뀝니다.)

이 집의 낙지탕탕비빔밥은 형체가 없을 만큼 잘게 다진 낙지탕탕이가 포인트다. 잘게 다진 덕분에 비빔밥은 목구멍으로 부드럽게 넘어가고 낙지의 고소한 맛은 훨씬 올라온다. 동네마다 어찌나 먹는 방법들이 다른지, 또 하나의 새로운 낙지 요리를 만난 기분이다.

여보게~~
내가 백반기행 랜스레 하는 줄 아는가?
이런 집을 만나기 위해서라네~~
(♪ ♪ ♪)

방문 날짜 20   .   .   나의 평점 🍚🍚🍚🍚🍚

방문 후기

순천횟집

TEL. 061-833-6441

식당 주소
전남 고흥군 봉래면 나로도항길 117

운영 시간
08:00-22:00

주요 메뉴
노랑가오리회(전화 예약 필수)
삼치회, 모둠회, 생선조림

신선한 노랑가오리회는 식감이 말랑말랑하면서도 야들야들하니 비린내가 하나도 없다. 특히 금방 상해 현지가 아니면 먹을 수 없는 '애(간)'는 크림이나 치즈를 먹는 듯 부드럽고 고소하다. '아싸 가오리'라는 말이 노랑가오리회를 먹고 나온 말이 아닌지 모르겠다.

삼치회, 노랑가오리회.
그동안 참았던 식욕이 폭발하고 말았다.

방문 날짜 20   .   .   나의 평점

방문 후기

다미식당

TEL. 061-835-4931

식당 주소

전남 고흥군 두원면 두원로 477

운영 시간

10:00-14:00

주말 휴무

주요 메뉴

백반(가격에 따라 반찬이 다릅니다.)

이미 너무 유명해 식사 시간만 되면 손님으로 꽉 차는 식당. 메뉴판은 따로 없고 가격대에 따라 백반의 반찬이 달라진다. 10,000원 밥상에 수육, 편육, 낙지숙회, 낙지죽, 간장돌게장, 양태구이 등이 나오니 새삼스레 10,000원 한 장이 정말 가치 있게 느껴진다.

한양의 죄인들 고흥으로 유배 와서
산해진미 결들이니 다시 돌아갈 생각 났겠나.

방문 날짜 20　　.　　.　　　　　나의 평점 ⊕⊕⊕⊕⊕

방문 후기

중앙식당

TEL. 061-533-2146

식당 주소

전남 해남군 송지면 산정1길 69-1

운영 시간

09:00-20:00

주요 메뉴

매생이굴국 백반(겨울 한정 판매)

생선찌개 백반

전복새끼장, 간장돌게장, 굴무침 등 기본 찬에 가자미구이, 간재미회 무침 같은 주연급 반찬까지 뭐 하나 놓칠 것 없는 8,000원 백반이다. 매생이굴국은 겨울에만 먹을 수 있는 국으로, 푸짐한 굴과 매생이, 그리고 적당한 참기름의 조화가 아주 훌륭하다.

매생이의 계절에 딱 맞춰 왔습니다.
환상입니다.

방문 날짜 20 .   .   **나의 평점**

방문 후기

이학식당

TEL. 061-532-0203

식당 주소

전남 해남군 해남읍 북부순환로 83

운영 시간

11:00-21:00

월요일 휴무

주요 메뉴

생선구이 정식

삼치회

무엇보다 이 집의 생선구이는 간이 예술이다. 비결은 바로 생선을 소금에 사흘 정도 두는 것. 이 소금이 녹으면서 생선에 스며들어 기가 막힌 간이 탄생한다. 게다가 해남의 해풍에 살짝 건조시켜 생선 살이 단단하고 쫀득하다. 갈치, 삼치 다 좋으나 내게는 단연 도미가 1등이다.

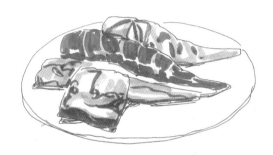

가만 있자,
이 밥상은 오늘 처음이 아닐세.
작년 이맘때 벌교에서 너무 맛있어서
밥 한 공기 더 먹었던 그 맛일세그려.

방문 날짜 20 . . 나의 평점

방문 후기

신창손
순대국밥

TEL. 061-537-3388

식당 주소

전남 해남군 산이면 관광레저로
1673

운영 시간

09:30-16:30 (재료 소진 시 조기 마감)
월요일 휴무

주요 메뉴

소내장탕(평일 50그릇, 주말 80~100그
릇 한정), 순대국밥

7년 전, 주인장이 겁 없이 시작한 소내장탕 집이 해남 일대의 신흥 강자가 되었다. 양, 소창, 신장, 염통 등 소 내장은 야들야들하며 딱 먹기 좋을 만큼 쫄깃쫄깃하다. 누린내는 전혀 느껴지지 않아서 놀라울 정도. 그야말로 영양 국밥 한 그릇을 먹는 기분이다.

평일 50그릇, 주말 100그릇.
국밥을 한정 판매하는 곳입니다.
늦으면 먹지 못합니다.
"흥, 못 먹으면 그만이지!"
이럴 일이 아닙니다.

방문 날짜 20   .   .   나의 평점

방문 후기

오대감

TEL. 061-536-2700

식당 주소

전남 해남군 해남읍 영빈로 49

운영 시간

11:00-21:30

둘째, 넷째 일요일 휴무

주요 메뉴

생고기

한우특수부위3종

차돌박이, 아롱사태, 우둔살을 생고기로 먹을 수 있는 곳. 각각 다른 맛에 입이 즐겁다.

지구상에서 소고기를 제일 많이 세분화해서 즐기는 한국.
이곳에서 확인 가능합니다.

방문 날짜 20   .   .   나의 평점 😊😊😊😊😊

방문 후기

이화식당

TEL. 061-544-5688

식당 주소
전남 진도군 진도읍 남동1길 55

운영 시간
11:00-20:00
수요일 휴무

주요 메뉴
꽃게탕, 꽃게무침
갑오징어조림, 장어탕

싱싱한 진도 꽃게를 그 자리에서 무친 꽃게무침. 고춧가루 양념장이라 매운맛이 깔끔하고 꽃게 맛이 살아 있다. 게딱지는 내장과 알을 파내어 밥에다 비벼 먹으면, 밥 한 공기가 금방이다. 갑오징어조림도 고소하고, 간장의 달콤함이 기분 좋게 느껴진다.

배나무 꽃에 하얀 달빛이 내리고

은하수 가득한 밤, 나뭇가지에 어린 봄 같은 내 마음을

소쩍새야, 네가 알겠느냐마는

정 많은 마음도 병인 모양인지 잠들 수가 없구나.

봄밤에 잠 못 이루는 이유가 이화식당의 꽃게무침 때문이로다.

방문 날짜 20 .   .   **나의 평점** 🍚🍚🍚🍚🍚

방문 후기

달님이네맛집

TEL. 061-542-3335

식당 주소
전남 진도군 진도읍 서문길 8-21

운영 시간
07:00-20:00

주요 메뉴
간장게장 정식
꽃게무침 정식
생선구이 정식

정식 한 상을 앞에 두면 '과연 여기가 진도구나' 하고 느낄 수 있다.
생굴을 넣고 끓인 김국부터 두툼한 김전, 달래가 들어간 김무침까지
다양한 김의 맛을 느끼기에 이만한 곳이 없다. 하나의 재료로 이렇게
다양한 요리가 가능하다니, 진도 사람들의 솜씨가 짐작된다.

밥상 위에 반찬 그릇이 넘쳐서 한 장에 못 그리겠다.
나머지는 상상을 하면서 드시라.
겨울이 끝나서인가 김이 질기다.
멀리 놓여 있는 데친 파에 낙지 발을 감아 놓은 반찬에
이 집의 정성이 가늠된다.

방문 날짜 20   .   .   나의 평점 😋😋😋😋😋😋

방문 후기

사랑방음식점

TEL. 061-544-4117

식당 주소

전남 진도군 진도읍 쌍정2길 22

운영 시간

12:00-21:00

주요 메뉴

말린우럭찜
바지락무침
생선매운탕

밝고 자신감 있는 주인장의 솜씨가 음식에서 여지없이 드러난다. 진
도식 우럭찜은 살짝 말린 우럭에 간단한 양념만 올려 쪄내 생선 본연
의 맛을 느낄 수 있다. 통통한 바지락을 시큼 달콤한 식초로 양념한
바지락무침은 현지 사람들 방식대로 밥에 넣고 비벼 먹으면 별미다.

그럼 그렇지.
이 집을 빼먹고 진도를 나갈 뻔했다.
이 집에서 진도의 깊은 맛을 찾았다.

방문 날짜 20 . .　　　　나의 평점

방문 후기

유일정식당

TEL. 061-552-1265

식당 주소

전남 완도군 완도읍 개포로 11-28

운영 시간

07:00-20:00
전화 후 방문 추천

주요 메뉴

백반
해초전복비빔밥

완도 토박이 사장이 내오는 1인 9,000원 밥상. 전복장조림, 전복미역국 등 이 가격에 전복이 이렇게나 많이 나올 수 있다는 게 믿기지 않는다. 완도산 재료에 완벽한 간까지, 하나같이 전부 맛있다. 계절에 따라 반찬이 다르고, 영업시간도 유동적이라 방문 전 확인은 필수다.

이 댁은 원가 계산을 전혀 못한다.
아무리 전복이 흔한 완도라지만
9,000원 백반에 전복장과 전복미역국이 나온다.

방문 날짜 20 . .   나의 평점 🍚🍚🍚🍚🍚

방문 후기

대박집

TEL. 061-555-3690

식당 주소

전남 완도군 완도읍 개포로62번길
9-10

운영 시간

10:00-21:00
둘째, 넷째 일요일 휴무

주요 메뉴

생선탕(생선은 계절에 따라 바뀝니다.)
동태탕, 갈치조림

갓 잡은 쏨뱅이로 맑게 끓인 생선탕. 된장으로 국물 맛을 내고 청양고추로 매콤함을 줬다. '죽어도 쏨뱅이'라는 말처럼 갓 잡은 쏨뱅이는 살점 맛이 담백하니 참 맛있고, 국물은 끓일 수록 감칠맛이 올라온다. 완도식 톳무침 등 각종 해초가 나오는 반찬도 일품이다.

"썩어도 준치"라는 말은 들었지만,
"죽어도 쏨뱅이"라는 말은 처음 들었다.
흰 살 생선이 낼 수 있는 최상의 국물과 살 맛이다.
우리나라는 머물고 싶은 곳이 너무나 많다.

방문 날짜 20 .   .   나의 평점 🍚🍚🍚🍚🍚

방문 후기

진미횟집

TEL. 061-553-2008

식당 주소

전남 완도군 완도읍 장보고대로
282-1(시장 내 위치)

운영 시간

09:00-21:00
월요일 휴무

주요 메뉴

전복해조류비빔밥
종합 물회

톳, 꼬시래기, 세모가사리 등 완도산 해초 다섯 종과 생전복이 들어간 전복해조류비빔밥. 간장을 넣고 비벼 먹으면, 해초 본연의 맛이 전부 느껴지며 입이 황홀하다. 갑오징어, 멍게, 전복 등이 들어간 종합 물회도 감탄. 이 집은 어느 하나 군더더기 없이 모두 훌륭하다.

전복해조류비빔밥과 종합 물회가 환상이다.
미슐랭 가이드 대신 허영만 가이드가
별 다섯 개 ★★★★★를 선사한다.

방문 날짜 20   .   .   나의 평점 ⊖ ⊖ ⊖ ⊖ ⊖

방문 후기

옛날시골밥상

TEL. 061-282-7777

식당 주소

전남 무안군 일로읍 시장길 17-10

운영 시간

10:00-19:00

주요 메뉴

백반

우리나라 최초의 시장 '일로장'. 오랜 세월 무안 사람들의 입맛을 사로잡은 이 집은 메뉴판도 없이, 백반 딱 하나다. 간장게장, 양념게장, 홍어무침에 직접 담은 바지락젓갈, 계절에 따라 생선 종류가 달라지는 생선조림, 생선찌개까지. 전라도 인심 제대로 맛보고 갑니다.

찬 그릇을 세다가 포기했습니다.
세상에나, 무안의 인심이 이런 정도입니다.

방문 날짜 20 . . 나의 평점

방문 후기

곰솔낙지

TEL. 061-452-1073

식당 주소

전남 무안군 망운면 운해로 1447

운영 시간

09:00-21:00

일요일 휴무

낙지 금어기 휴무

주요 메뉴

기절낙지

낙지호롱구이

연포탕

먼저, 빨판 속 이물질 제거를 위해 산 낙지를 물에 빡빡 씻는다. 이러면 낙지가 축 늘어지는데, 신기하게도 소스에 찍으면 꿈틀꿈틀 다시 살아나 죽은 낙지가 아니라 '기절' 낙지란다. 뽀드득뽀드득 씹히는 낙지를 주인장 특제 소스에 찍으니 아, 단맛이 아름답다.

생낙지 → 기절낙지 → 낙지.
낙지를 이렇게 세 번 리롭힙니다.
꼬들꼬들하고 맛이 좋은데
그 시작은 기막힌 소스였습니다.

방문 날짜 20   .   .   나의 평점

방문 후기

두암식당

TEL. 061-452-3775

식당 주소

전남 무안군 몽탄면 우명길 52

운영 시간

11:00-20:00

라스트 오더 19:00

목요일 휴무(공휴일은 정상 영업)

주요 메뉴

짚불구이

게장비빔밥

추수가 끝난 후 볏짚으로 영산강 숭어를 구워 먹었던 데서 시작된 볏짚구이. 짚 연기 자욱하게 풍기는 옛 방식으로 조리하는 몇 안 남은 집이다. 굽는 시간, 고기 두께, 불 조절 등 아무나 따라할 수 없는 짚불삼겹살 맛이다. 칠게장 찍어 먹으면 매콤하면서 감칠맛이 은근히 퍼진다.

지겹고 힘든 것을 마다하고
오랜 세월 견뎌준 이곳이 고맙습니다.
지나는 나그네의 발걸음이 힘들지 않습니다.

방문 날짜 20 . . 나의 평점 🥣🥣🥣🥣🥣

방문 후기

본전식당

TEL. 061-867-6196

식당 주소

전남 장흥군 회진면 노력도2길 1-1

운영 시간

06:00-18:00

주요 메뉴

매생이백반
생선구이백반

감태무침, 새우장, 굴무침, 문어숙회, 생선구이 등 수산 시장 갈 필요
도 없이 그날그날 동네 선장들이 잡아온 것으로 반찬을 꾸린다. 매생
잇국은 굴 대신 돼지고기를 넣어 부족한 영양분을 보충했던 바닷가
사람들 방식 그대로. 진정한 '바다가 내어주는 밥상'이다.

올 봄 이후 처음 맛보는 매생잇국은
여전히 향을 뿜내고 있군요.
이것이 장흥에 다시 오고픈 유혹입니다.

방문 날짜 20 .   .   **나의 평점** 🍚🍚🍚🍚🍚

방문 후기

만나숯불갈비

TEL. 061-864-1818

식당 주소

전남 장흥군 장흥읍 물레방앗간길 4

운영 시간

11:00-21:30

첫째, 셋째 월요일 휴무

주요 메뉴

한우생고기

표고버섯+키조개

사람보다 소가 더 많은 장흥답게 소고기 먹는 법이 남다르다. 볼록한 불판 가운데에선 한우를 굽고, 테두리엔 육수를 부어 관자와 표고버섯을 데쳐 삼합으로 먹는다. 생으로 먹어도 될 만큼 신선한 관자와 향긋한 표고버섯, 고소한 소고기에 '사장님 너무하시네' 말이 절로 나온다.

관자, 표고버섯, 소고기.

어쩜 음식이 하나도 내칠 것이 없나요.

아! 그럼 그렇지! 주인장 고향이 여수였습니다. ^^

방문 날짜 20 . .   **나의 평점** 🍚🍚🍚🍚🍚

방문 후기

삭금쭈꾸미

TEL. 061-864-6161

식당 주소

전남 장흥군 장흥읍 물레방앗간길 14

운영 시간

17:00-23:00

일요일 휴무

주요 메뉴

주꾸미숙회

주꾸미무침

머리에 밥알(난소) 가득 찬 봄 주꾸미가 제일 맛있다구요? 진정한 미식가들은 산란기 전, 몸통 살 연한 겨울 주꾸미를 찾아 먹습니다. 매콤한 묵은지 얹어 씹는 맛 살리고, 남도 방식대로 된장에 찍어 먹으면 둘이 먹다 둘 다 죽어도 모를 맛. 부드럽게 매운 주꾸미볶음도 강추.

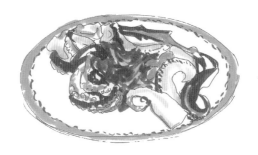

머얼리 배에서 올리는 그물.
반짝반짝 빛나는 주꾸미 대가리.
빨리 돌아오시게나.
젓가락 들고 기다리는 님이 계시다네.

방문 날짜 20 .   .   나의 평점 🍚🍚🍚🍚🍚

방문 후기

중앙먹거리

TEL. 061-351-4141

식당 주소

전남 영광군 영광읍 물무로 106-2

운영 시간

17:00-24:00

전화 예약 필수

주요 메뉴

병어회

병어조림

소라무침, 굴무침, 생멸치무침, 조개젓 등 정신없을 정도로 나오는

반찬과 부드럽고 고소한 병어조림에 내 위장이 작은 게 한스러웠다.

큰일 났다!!

이 집 방영하면 좋은 골목 미어터질 텐데….

난 책임 없다!!

방문 날짜 20   .   .   나의 평점 😋😋😋😋😋

방문 후기

사거리
식육식당

TEL. 061-356-7006

식당 주소

전남 영광군 홍농읍 홍농로 487

운영 시간

10:00-21:00
휴식시간 15:00-16:00
라스트 오더 20:30, 일요일 휴무

주요 메뉴

생고기(공휴일 미판매)
애호박찌개

소 한 마리에 딱 두 덩이만 나오는 아롱사태. 만화《식객》에서도 소개한 부위다.

육회로 아롱사태만 고집하는 곳입니다.
게다가 애호박찌개는 달콤하고 매끄러운 피낼레였습니다.

방문 날짜　20　.　.　　　나의 평점　🍚🍚🍚🍚🍚

방문 후기

제일식당

TEL. 061-323-1008

식당 주소

전남 함평군 월야면 전하길 65-1

운영 시간

11:00-19:00

첫째, 셋째 일요일 휴무

주요 메뉴

백반

제철 반찬에 1인 1굴비. 돈이 남는지 안 남는지는 모르겠고, 그저 손

님이 행복하면 좋다는 사장님!

간판만 제일인 줄 알았느냐.
굴비구이 포함 찬이 열다섯 가지.
각각의 맛이 식당 이름을 만드는구나.

방문 날짜 20   .   .   나의 평점 🍚🍚🍚🍚🍚

방문 후기

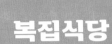

복집식당

TEL. 064-722-5503

식당 주소

제주 제주시 비룡길 5

운영 시간
09:00-17:00
일요일 휴무

주요 메뉴
갈칫국
매운탕
고등어구이

한 장소에서 53년째 영업을 하고 있는 현지인의 맛집 복집식당은 육지인에게는 생소한 갈칫국이 주 메뉴다. 비릴 거라는 편견은 NO, 생물 갈치만 고집하여 비린내 없이 시원하고 담백한 맛을 선사한다.

1969년 창업.

50여 년간 영업한 갈치구이와 갈칫국 전문집이다.

갈치구이도 맛있었지만 이놈 갈칫국.

건더기 말고 국물이 환장하게 맛있다.

자그마한 식당은 대부분 생활을 위해 시작했다고 보면 맞는데

그 때문에 이런 맛이 유지되었으니까 고맙다.

방문 날짜 20   .   .   나의 평점 🍚🍚🍚🍚🍚

방문 후기

오현불백

TEL. 064-724-2861

식당 주소

제주 제주시 성지로 58-2

운영 시간

10:00-21:00

토요일 휴무

주요 메뉴

한치 돼지 불백

낙지 돼지 불백

소불고기 전골

제주도 동문시장에서 이미 유명한 이 집은 돼지 불백 기본에 한치 돼지 불백, 낙지 돼지 불백 메뉴가 인기 있다. 가오리 도라지 무침 등 계절에 따라 바뀌어 나오는 반찬도 훌륭하다.

한치를 넣은 돼지 불백.
한치가 쌀밥이면 오징어는 보리밥이다.
한치가 찰떡이면 오징어는 개떡이다.
이 얘기를 들으면 동해 쪽에서 뭐라고 할까.

방문 날짜 20 . .   **나의 평점**

방문 후기

삼보식당

TEL. 064-762-3620

식당 주소

제주 서귀포시 중정로 25

운영 시간

08:00-20:30

둘째, 넷째 수요일 휴무

주요 메뉴

옥돔구이

옥돔뭇국

전복 뚝배기

물회와 해물 뚝배기로 유명하지만 단골들은 토박이 손맛의 뭇국을 찾는다. 품격 있는 생선 옥돔을 넣은 뭇국은 비리지도 않고 깔끔한 맛이 일품이다.

옥돔뭇국은 메뉴에 없다.
옥돔이 비싸고 귀해서 누구나 먹을 수 없기 때문이다.
서귀포에 있을 때면 아침에 꼭 먹는 국이다.
시원하고 달고 옥돔의 약간 비린 듯하면서도
고소한 맛을 한 숟가락에 올릴 수 있다.

방문 날짜 20   .   .   나의 평점 😋😋😋😋😋

방문 후기

만덕이네

TEL. 064-787-3827

식당 주소

제주 서귀포시 표선면 서성일로 16

운영 시간

하절기 08:00-21:00
동절기 07:30-21:00
연중무휴

주요 메뉴

흑돼지구이
흑돼지 두루치기

육지 돼지에 비해 구울수록 비계가 쫀득해지는 제주 흑돼지구이는 고사리를 기름에 함께 구워 먹는 것이 특징. 갈치 조림, 고등어 조림에도 어김없이 고사리가 듬뿍 들어간다.

이 집의 역사는 찌그러질 대로
찌그러진 알루미늄 바가지다.
어느 누구도 흉내 낼 수 없는 조각품이다.
맛을 위해 희생된 이 그릇에 경의를 보낸다.

방문 날짜 20 . . 나의 평점 🍚🍚🍚🍚🍚

방문 후기

보람식당

TEL. 064-782-2787

식당 주소

제주 서귀포시 성산읍 일주동로 4697

운영 시간

11:00-19:00
휴식시간 14:00-17:00
수요일 휴무

주요 메뉴

옥돔 정식

동네 식당처럼 허름하지만 8,000원 옥돔 정식에 돼지 두루치기와 옥돔구이를 포함하여 다양한 밑반찬이 나온다. 톳과 파래 같은 해초는 주인이 직접 채취해 건강한 맛이 일품이다.

특이한 집이다.

바로 옆에 있는 바다에서 낚시한 생선을 회 쳐준다.

주인 아주머니는 내가 8년 전에 왔었단다.

사인한 걸 보고 알았다.

흔적은 피할 수 없는 증거다.

허영만의 내비게이션은 이렇게 완성되어간다.

방문 날짜 20 . .   나의 평점 🍚🍚🍚🍚🍚

방문 후기

막둥이해녀 복순이네

TEL. 064-783-2300

식당 주소

제주 서귀포시 성산읍 서성일로 1129

운영 시간

10:30-17:00

첫째, 셋째 수요일 휴무

주요 메뉴

물회

성게 칼국수

해녀가 직접 물질해 판매하는 거라 날씨에 따라 물질을 못 하면 그날 영업은 없다. 소라, 전복, 성게가 가득한 물회는 특미다.

예쁜 얼굴의 해녀(59세)가 막둥이란다.
고된 일을 물려받을 젊은이들이 없다.
물회, 우럭 조림, 성게 칼국수를 내왔는데
한가락 하는 솜씨다.
물회는 전국 중 제주도가 제일이다.

방문 날짜 20 . .   나의 평점

방문 후기

윌라라

TEL. 0507-1404-5120

식당 주소

제주 서귀포시 성산읍 성산중앙로 33

운영 시간

12:00-18:00
연중무휴
4인 초과시, 4시 이후 포장만 가능

주요 메뉴

피쉬 앤 칩스
쉬림프 앤 칩스

주문과 동시에 신선한 생선을 가마솥에다 튀겨내는 피쉬앤칩스로 유명한 집이다. 하루 39세트만 준비하니 전화 예약 추천.

호주에서 만난 두 청년이 뜻을 모아 만든 생선 튀김집.
길 쪽 의자에 앉아 행인을 보면서 먹는 것이 재미있다.
음식점에서 일하는 젊은이들을 보면 에너지를 느낀다.
희망이 엿보인다.

방문 날짜 20 . .   나의 평점 😊😊😊😊😊

방문 후기

천짓골식당

TEL. 064-763-0399

식당 주소

제주 서귀포시 중앙로41번길 4

운영 시간

17:10-21:30

일요일 휴무

주요 메뉴

돔베고기

돔베고기 전문점으로 소문난 이 집은 흑돼지, 백돼지 오겹살을 김치와 양념을 곁들여 내놓는다. 돼지 뼈를 우려낸 육수에 해초를 넣어 끓인 몸국은 마음까지 따뜻하게 한다.

근 다섯 시간 동안 영업한다.

손님들이 무척 많다.

고기에 대한 자부심이 가득하다.

술에 취하지 않고 돼지기름에 취했다.

방문 날짜 20 . . **나의 평점**

방문 후기

한라산아래첫마을
영농조합법인

TEL. 064-792-8259

식당 주소

제주 서귀포시 안덕면 산록남로 675

운영 시간

10:30-18:20

월요일 휴무

(동절기 영업 시간 변경)

주요 메뉴

제주 메밀비비작작면

제주 메밀물냉면

제주산 메밀만 쓰는 집. 물냉면은 한라산을 닮은 깔끔한 담음새에 한 번, 시원한 육수에 또 한 번, 마지막 고소한 메밀면에 완전히 반하고 말았다. 메밀 100% 면인데 끊어지지도 않고 어쩜 이리 고소할까. 들깨향 가득한 비비작작면도 수준급의 맛. 식객 음식점 메모리에 등극!

백반을 찾아다니다보면
뜻하지 않은 곳에서 자존심 가득한 음식을 만납니다.
그런 음식은 그 지방의 자존심이기도 합니다.

방문 날짜 20 . .   나의 평점 🍚🍚🍚🍚🍚

방문 후기

혼차롱식개집

TEL. 064-767-3334

식당 주소

제주 서귀포시 동문로 50

운영 시간

15:00-23:00

일요일 휴무

주요 메뉴

혼차롱

뿔소라적꼬치

식개(제사) 음식을 전문으로 하는 곳. 혼차롱('혼'은 하나, '차롱'은 대바구니) 속에 빙떡, 돼지고기산적, 옥돔구이가 담겨 나온다. 무나물 들어간 빙떡은 맛이 있는 듯 없는 듯 심심한데, 옥돔구이를 얹어 먹으면 간이 맞는다. 돼지고기산적은 제주도 사람들 제사 기다리는 이유!

제사상에 오른다는 '돼지고기산적'.
이것으로 포장마차를 하고 싶어졌습니다.
수입이 없어도 좋습니다.
실컷 먹을 수 있으니까요.

방문 날짜 20   .   .   나의 평점 🍚🍚🍚🍚🍚

방문 후기

돈지식당

TEL. 064-794-8465

식당 주소

제주 서귀포시 대정읍 하모항구로 60

운영 시간

11:00-21:00

화요일 휴무

주요 메뉴

자리회코스

방어코스

여름에만 먹을 수 있는 생선, 자리돔. 큰 뼈는 발라내고, 씹기 좋은 뼈만 남겨 써는 게 기술이라는 자리돔회는 제주도식으로 된장에 찍어 먹는다. 방금 잡은 놈을 뼈째 먹어서 그런가 입 속에 고소함이 가득하다. 된장 물회도, 새콤한 무침도, 살살 녹는 구이도 빠짐없이 다 맛있다.

자리, 한치, 벤자리를 만났습니다.
역시 자리가 한 자리 했습니다.

방문 날짜 20   .   .   나의 평점

방문 후기

식객이 4년 동안 까다롭게 고른 전국 최고의 맛집

식객 허영만의 백반기행 베스트 500

초판 1쇄 발행	2023년 5월 25일
초판 3쇄 발행	2023년 11월 1일

지은이	허영만·TV조선 제작팀
펴낸이	신민식
펴낸곳	가디언
출판등록	제2010-000113호

주소	서울시 마포구 토정로 222 한국출판콘텐츠센터 401호
전화	02-332-4103
팩스	02-332-4111
이메일	gadian@gadianbooks.com
홈페이지	www.sirubooks.com

편집	편집부
디자인	미래출판기획
경영기획실 팀장	이수정

종이	월드페이퍼(주)
인쇄 제본	(주)상지사P&B

ISBN	979-11-6778-081-2(13980)